打造退休后身心舒畅的住宅

[日] 今井淳子　[日] 加部千贺子◎著　李筱砚◎译

清华大学出版社
北京

北京市版权局著作权合同登记号 图字：01-2023-1619

图书在版编目（CIP）数据

打造退休后身心舒畅的住宅 /（日）今井淳子，（日）加部千贺子著；李筱砚译 . —北京：
清华大学出版社，2024.5
　　ISBN 978-7-302-65874-0

　　Ⅰ.①打…　Ⅱ.①今…②加…③李…　Ⅲ.①老年人住宅－建筑设计　Ⅳ.① TU241.93

中国国家版本馆 CIP 数据核字（2024）第 064880 号

责任编辑：孙元元
封面设计：谢晓翠
责任校对：王淑云
责任印制：杨 艳

出版发行：清华大学出版社
　　　　　网　　　址：https://www.tup.com.cn, https://www.wqxuetang.com
　　　　　地　　　址：北京清华大学学研大厦A座　　　邮　　编：100084
　　　　　社 总 机：010-83470000　　　　　　　　　邮　　购：010-62786544
　　　　　投稿与读者服务：010-62776969, c-service@tup.tsinghua.edu.cn
　　　　　质量反馈：010-62772015, zhiliang@tup.tsinghua.edu.cn
印 装 者：三河市春园印刷有限公司
经　　销：全国新华书店
开　　本：165mm×230mm　　　印　张：15.25　　　字　　数：193千字
版　　次：2024年5月第1版　　　　　　　　　　　印　　次：2024年5月第1次印刷
定　　价：79.00元

产品编号：096926-01

前言

　　您是否正在迷茫，要不要改造自己的房子。您是否正在苦恼，如果想改造应该怎么做。

　　房子外墙的污渍越来越明显，到改换涂装的时候了吧。

　　燃气取暖器时好时坏，该给房子装上地暖系统了吧。

　　厨房的那一整套设备已经用了二十年了，想换个新的、漂亮的。

　　如果遇上地震，我这老房子承受得住吗?

　　差不多是时候给家里加装无障碍设施了。

　　······

　　人们想要改造房子的理由各种各样。买房前看了很多传单，又去逛了样板间展览，和家人商量后签下房贷，才终于有了自己的房子。住进去后，日常生活中应该获得了相应的满足感。但随着时间流逝，问题也层出不穷。想要改造房子，不知道该找谁商量，也不了解要花多少钱、改造到什么程度、现在是不是改造的最佳时机······不懂的事情很多，让人烦恼不堪。

　　如果主要目的是维护房子，那就把有缺陷的地方修补好，更换新的设备即可。外观上的问题可以通过涂装等方式来让房子变美。有关改造房子的宣传也很多，找一家口碑好的公司做，事情就能解决了。

　　但是，很多问题并不是简单地维护一下就能解决的。理想的住房反映的其实就是家庭生活本身。买房或租房时，既要考虑工作和未来的生活方式，又要考虑如何抚养孩子。同样，改造或重建房子时，也不能将工作和家人割裂开来思考问题。

特别是迈入 50 岁大关后，人生的重大工作已基本结束。在面对未知的老年生活前，需要好好思考该如何度过余生。这段时间既是老年生活的准备期，又是挑战退休后新生活方式的时期。正因为这段时间如此重要，思考现有住处是否与未来人生相贴合才尤为必要。

最近身体不听使唤，家务做起来也很辛苦。

趁现在还比较健康，提前把住处改造成适合照顾老人的类型。

孩子们都离家独立生活了，今后这房子该怎么个住法？

想好好思考一下未来的婚姻关系。

就快退休了，想单独开辟个房间满足自己的兴趣爱好。

……

这些烦恼单靠找装修公司是解决不了的。

对于生活方式犹豫不决时，前人的真实案例很有借鉴意义，也会给人勇气。改造住房也一样，最好请有过改造经验的朋友来看看自己房子的现状。听听别人在哪些方面吃了苦头，在哪些方面获得了成功，或者有哪些失败的教训，这会让自己收获良多。不过，很多人身边没有那么多与自己状况相似的朋友，从搜集了案例集的书本中找到能够参考的例子，也是不错的选择。

希望您能像听身边的朋友讲自己的真实体验一样阅读本书。在您迷茫的时候，倘若本书能为您提供解决问题的切入点，我们将会感到万分荣幸。

最后，我想衷心感谢书中出现的每一位房主，谢谢大家愿意分享经验。

今井淳子　加部千贺子

2005 年 5 月

目录

第 **1** 章

两代人同住：
好的代际关系从住宅设计开始

老两口原本与孩子夫妇分开居住，但有了孙辈后，孩子一家开始依赖自己。为自己的老年生活着想，老两口决定把孩子一家人都接过来住。虽然原因和目的各不相同，但很多人都考虑改造住宅，为两代人同住的生活做好准备。

本章介绍三个例子：两例与孩子一家同住前改造自家住宅；一例长期与父母同住、多次改造自家住房空间。

与女儿一家人同住，但不依赖他们，而是打造能够自主生活的"个人空间"

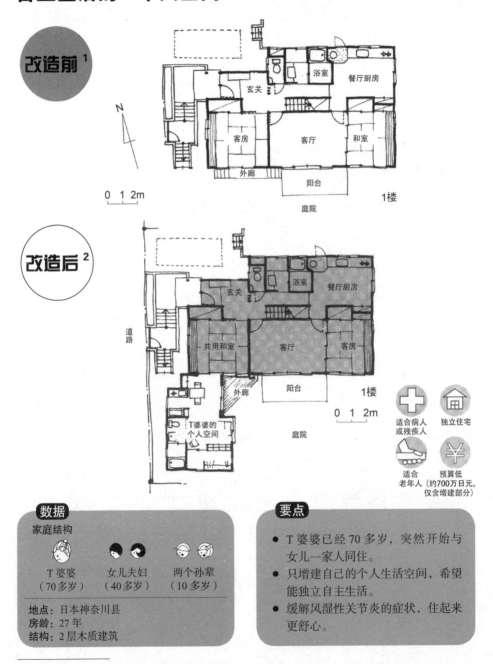

改造前 1

N

客房　客厅　和室

浴室　餐厅厨房

玄关

外廊　阳台　1楼

庭院

0 1 2m

改造后 2

道路

共用和室　客厅　客房

浴室　餐厅厨房

玄关

外廊　阳台　1楼

T婆婆的个人空间

庭院

0 1 2m

适合病人或残疾人

独立住宅

适合老年人

预算低（约700万日元，仅含增建部分）

数据

家庭结构

T婆婆（70多岁）　女儿夫妇（40多岁）　两个孙辈（10多岁）

地点：日本神奈川县
房龄：27年
结构：2层木质建筑

要点

- T婆婆已经70多岁，突然开始与女儿一家人同住。
- 只增建自己的个人生活空间，希望能独立自主生活。
- 缓解风湿性关节炎的症状，住起来更舒心。

1　本书的平面设计图中，以下简称分别表示，洗·脱：洗漱间与更衣室；洗：洗衣机；冷：冰箱。
2　深灰色部分表示"不属于改造范围"。"T婆婆的个人空间"详图见第4页。

● 迎接女儿一家入住

T 婆婆已经 70 多岁了，患有风湿性关节炎的老毛病。好在女儿一家就住在附近的集中住宅区。在他们的照顾下，T 婆婆一直过着独居的日子。然而，最近 T 婆婆接受了女儿一家人的提议，决定与他们同住。

T 婆婆住宅的房龄已有二十六年（第 2 页为改造后数据）。虽说可以选择推倒重建，但是房子建得很结实，还能住很久。最重要的是，老房子承载了整个大家族的历史，屋内到处都是回忆。所以一家人最终决定不破拆，只改造。

● 起居尽量自理

T 婆婆明白，女儿一家人住进来后，家里会热闹很多，自己也会对生活充满干劲。而且，万一自己的身体有什么意外情况，女儿在的话，生活也能有个保障。

不过 T 婆婆也非常担心同住之后，从前自由随心的生活将不复存在；自己也可能会给女儿两口子添麻烦，让他们的生活过得束手束脚。

于是，T 婆婆决定将自己与女儿一家人的**生活空间完全隔开**。幸好住宅用地内还有富余空间，可以增建。最终，T 婆婆决定把曾经居住的两层老房子让给女儿一家人，自己在旁边新建了一个约 25.6 平方米的**"个人空间"**。

T 婆婆之所以决定分开生活，除了想让**各自不用顾虑对方而生活**之外，还有另外一个理由。T 婆婆担心，完全一起生活后，**自己可能会过于依赖女儿一家**。

T 婆婆患有风湿性关节炎的老毛病，如果女儿一直在身边，不可避免地会对她产生依赖。但是 T 婆婆还是想，什么事情都尽可能自己动手，希望同住生活可以少些依赖，让彼此都舒心。为了能独自生活并妥善处理身体上的不便，T婆婆决定建一个麻雀虽小但五脏俱全的独立空间。

●空间虽小，但明亮别致

由于增建部分的面积有限，为了尽量让T婆婆拥有更宽敞的空间，我们在设计时选择了大开间的户型。

地板选用栓皮栎软木材质，墙壁则采用木片填充的纸质材料，天花板使用杉木实木板。栓皮栎软木地板保暖性好，踩上去又舒服，很适合患有风湿性关节炎的T婆婆。

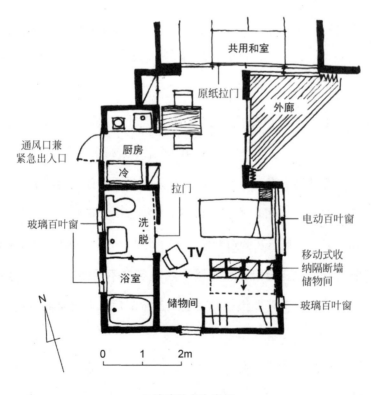

T婆婆的个人空间

虽然是大开间，但是根据需要也用家具和拉门对空间进行了区分。拉门的滑动轨道埋入地板内部，只在天花板和拉门之间嵌入补空用的玻璃，视觉上整个房间仍然是连在一起的。

　　房间正中心放有一张床，床上套的被罩等与房间氛围很搭，所以完全不会有逼仄或杂乱无章之感。

　　T婆婆的日常饮食虽与女儿一家一起，但我们还是在角落里为她设计了一个小厨房。这样，当她一个人在家时，也能做点小菜，想泡茶的时候也能如愿。

　　房间内保留了T婆婆用惯了的大冰箱，另外还给她加装了一个小巧玲珑的桌椅套组。T婆婆可以坐在桌边，一边喝茶，一边欣赏院子的风景或者写信。孙辈回来后，也能来这里吃小点心。

不觉得狭窄却有安稳感的空间

●方便风湿性关节炎患者的房间

风湿性关节炎多见于中老年女性。患此病的人手脚关节僵硬，多伴有疼痛。早上以及寒冷季节往往特别难受。

朝东的房间可以大范围吸收朝阳的光亮，暖意十足，让原本难挨的早上也没那么辛苦，但是护窗板的开关却是一大问题。T 婆婆称，改造前确实曾经因为担心被邻居看到自己在睡懒觉，觉得没面子，而强忍着手部的痛楚，勉强起床过。

因此，虽然花费有点高，但是我们还是在床头上方的窗户上安装了一面**电动百叶护窗板**，这样 T 婆婆保持睡姿也可以开关护窗板了。早上睁眼醒来后，只需轻轻一按开关，护窗板就能打开。阳光照进来，房间内会变暖。等身体舒适后再起床，一切都变得轻松了很多。这面百叶护窗板还有翻卷的功能，可以调节光线的强弱。

关节部位直接承受冷气吹出来的风会很痛，因此，为了让房间内自然风能顺畅流通，我们专门设置了一扇**玻璃百叶窗式样的天窗**。另外，T 婆婆还表示自己很不适应空调的冷暖风。所以我们提议，**地暖**[1]不只局限在床和餐桌周围，还要覆盖到浴室内。

厕所和洗漱间距离床只有几步的距离。虽然由拉门隔开，但设计成即便拉开拉门也看不见马桶的样子。为了通风，T 婆婆经常将厕所的拉门敞开。敞开后，整个房间也会显得宽敞很多。

T 婆婆可以将手搭在洗漱台上支撑身体，因此我们没有在厕所加装扶手。

1　参考第 69 页。

透过上半部的玻璃叶片，从室内也能看见天空和院子里的绿植

下半部使用毛玻璃叶片，既可以保护隐私，也能适当通风

外廊

玻璃百叶窗

调节换气很简单。将叶片调至水平后，即可最大限度换气。

不过我们已经在墙壁内嵌入了木板**进行加固**[1]，即使未来需要加装扶手，也能立即实现。

为了治疗风湿性关节炎，T婆婆经常需要泡药澡。看到独立卫浴间，T婆婆很开心。她说：**"这个浴室是我专用的**，可以不用考虑其他家庭成员的感受，想什么时候泡澡就什么时候泡，我很开心。"T婆婆不希望药澡水特殊的味道给其他家庭成员带来不便。

●距离适度，住得舒心

我们还为这个房间设置了独立的出入口，这样，紧急情况时也可以从这里直接进出住宅。另外，这个出入口还兼有通风口的功能。

平时，T婆婆经由旁边的共用和室（日式住宅），就能去玄关、餐厅和客厅。女儿一家与T婆婆的房间依然用共用和室的纸拉门隔开。

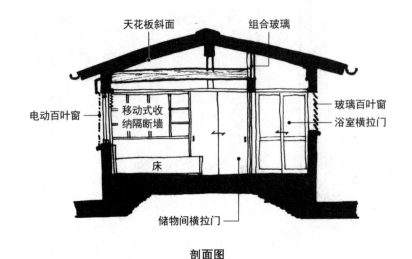

剖面图

1　参考第154页。

T 婆婆的房间与共用和室还可以通过外廊相连。有了外廊之后，两个房间都变得开放明亮了许多。从前几乎不太用的客房也成为两代人沟通的桥梁。

2 楼有三间西式房间，分别是女儿夫妇和两个孙辈的房间。虽然不能从 2 楼直接看到 T 婆婆的房间，但透过小窗户可以看到房间内的光亮。在 1 楼的客厅也能透过院子感受到 T 婆婆房间的样子，彼此都能放心生活。

●将回忆存放在储物间

人随着年龄增长，回忆也在不断增多，想要放在身边的纪念品自然也随之增多。

老年客户常常告诉我们，改造房屋或者适老设施时，最难受的就是要处理掉承载了多年记忆的那些旧物。

T 婆婆也不例外，她也有许多想放在身边的东西。于是我们在床边为她设计了一堵隔断墙[1]。墙的正面可以放照片和有纪念意义的小物品，背面可以用作收纳。隔断墙的背后还有一个储物间，平时不用但又想留在身边的东西都收纳在这里，房间会显得更整洁。

这是一堵可移动式隔断墙。如果**床周围需要更宽阔的空间**[2]，例如 T 婆婆需要他人照顾的时候，只需要将隔断墙推进储物间即可。这间大开间可以说是"物尽其用"，不过这些所有的"物"都是 T 婆婆真正需要的。这个房间可以让 T 婆婆自主地做自己想做的事。

1　参见第 7 页。

2　参考第 124 页。

门窗隔扇：对老年人友好

家具的选择与人的喜好、生活习惯、身体状况息息相关，所以判断其好坏也因人而异。通常，容易打开的推拉门比平开门更安全。

 平开门

优点 密闭性高，上锁方便。

缺点 开门时须向后退，人有跌倒的危险。

注意事项 如果手部或手指无法用力，或者门已经变形，就需要用执手锁替换球形锁。执手锁用手肘或手背也能打开。
如果使用者患有风湿性关节炎，就应选用触感较温和的木质或塑料材质的门把手。

门锁（门把手）

球形锁：人一旦撞上会很痛，因此宜选用大小适中、无明显棱角的产品。

执手锁：选择尖端往里弯的产品，就不会挂到衣服。

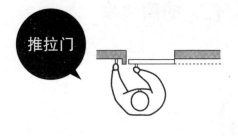

推拉门

优点 不占地方，开门时人不必后退。

缺点 密闭性差，需要利用可以让门扇内嵌的墙壁，且钥匙的种类也有限。

注意事项 门扇底部的横木须与地板平行。滑道可以选择地板内埋式或顶吊式。如果手部不方便，就需加装大号门把手。

各种样式的门把手

一个要点 ·······························

如果使用者手部不方便，那么加装一个门把手就会更容易推拉，不过开口部也会因此变得比较窄小。

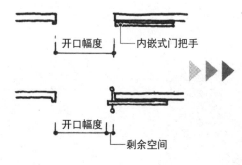

开口幅度 ┤ ├ 内嵌式门把手

开口幅度 ┤ ├ 剩余空间

门扇做三块，开口部会更大。

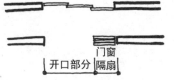

开口部分 ┤ 门窗隔扇

内嵌型门扇加装平开门后，使用者不用后退即可开关门，适合窄小的走廊空间。

开口部分 ┤ 门窗隔扇等

在进入老年人照顾老年人的时期之前，邀请儿子一家同住，打造两代人的同住房

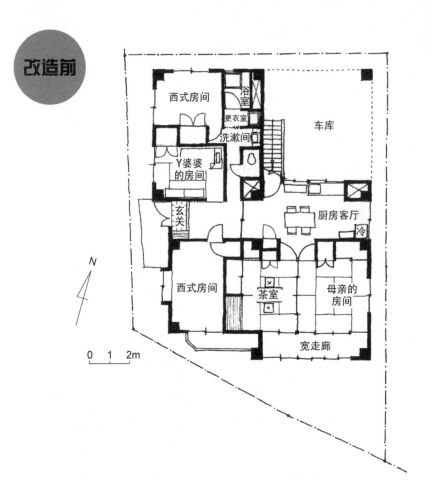

改造前

- 西式房间
- 浴室
- 更衣室
- 洗漱间
- 车库
- Y婆婆的房间
- 玄关
- 厨房客厅
- 冷
- 西式房间
- 茶室
- 母亲的房间
- 宽走廊

N

0 1 2m

要点

- Y婆婆已有60多岁，原本与90多岁高龄的母亲一起生活，最近儿子一家人也搬来同住。
- 将公寓的1楼和2楼合为一体，下层Y婆婆和母亲住，上层儿子一家人住。
- 为了母亲生活更舒适而改善住房环境，并为Y婆婆将来的生活提前做好规划。

适合老年人　　公寓（房东）

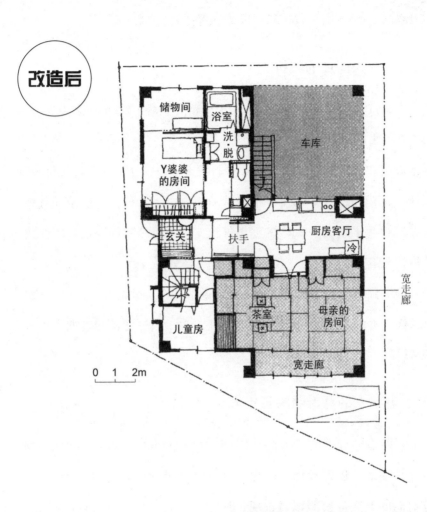

改造后

储物间

浴室

洗·脱

车库

Y婆婆
的房间

扶手

厨房客厅

冷

玄关

宽走廊

儿童房

茶室

母亲的
房间

宽走廊

0　1　2m

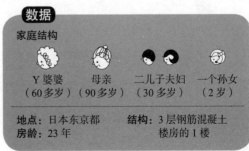

数据

家庭结构

Y婆婆
（60多岁）

母亲
（90多岁）

二儿子夫妇
（30多岁）

一个孙女
（2岁）

地点：日本东京都
房龄：23年

结构：3层钢筋混凝土
楼房的1楼

许多人在照顾父母时，自己也不知不觉上了年纪，开始担心未来如何照顾父母以及自己该如何生活。60多岁的Y婆婆便是这样。

●邀请儿子一家人同住的契机

Y婆婆在东京都中心城区持有一套用于出租的公寓，她和90多岁高龄的母亲一起住在公寓的1楼。

母亲换衣服和洗澡时需要人帮忙，但上厕所可以独立完成。每天母亲都会出门散步、喝闲茶，这些事情也不需借助他人之力，母亲自己乐在其中。不过，母亲忘性越来越大。一旦Y婆婆外出旅行，或房屋的环境有所变化，母亲的精神就会陷入崩溃。

于是，考虑到将来的生活，Y婆婆决定邀请住在市郊的儿子一家人搬过来同住。这样，不仅可以和可爱的小孙女一起生活，儿子上班也方便了很多，真是一举两得。

●准备好以老年人的身份照顾老年人

其实，Y婆婆在计划两代人同住之前，就已经考虑过改造房子了。现在自己身体很硬朗，倒是没什么问题。可是Y婆婆担心，等自己也上了年纪，还有更老的老人需要照顾时，现在这套房子就很可能会有许多不便之处了。

Y婆婆的母亲房间内的被子一直都是铺开的，以方便老人家随时躺下。母亲白天用Y婆婆准备的茶具在茶室内自己倒茶喝。但是，如果母亲要去厕所或浴室，就必须扶着墙壁或家具慢慢前往，而且还需要经过玄关大厅。她如果穿着睡衣就会很冷，总让人觉得不保险。

家中的洗漱卫浴等用水区也有不便之处。厕所太小，不方便照顾老人，而洗漱间和更衣室也被精细地分割开来。浴缸的边缘很高，也不适于照顾老人。

另外，房间的每个出入口都有坎儿。老年人本来走路就蹑手蹑脚，这样更是到处都是障碍。

●横纵两个方向都打通

Y 婆婆住的 1 楼基本都是和室，为五室一厅带厨房和餐厅的户型。房间虽然多，但用起来很不方便。正好 2 楼的租客搬走了，这样就空出两间房子，于是 Y 婆婆决定将 2 楼用作儿子一家人的住所，1 楼则改造为无障碍住宅。

要将上下两层打通，就需要加装一组室内楼梯。室内楼梯的位置决定了每一层的空间风格，因此极为重要。考虑到这套房子未来可能进行多次改造，使用方式也可能发生变化，我们决定慎重选择楼梯的位置。

我们研究之后决定，将玄关旁的西式房间划出一半用于建造楼梯。玄关大厅及其周围则变为两代人共用的地方。

建设室内楼梯需要拆除 2 楼的地板。地板是钢筋混凝土材质的，我们首先判断**结构是否存在问题**，并在拆除的地板周围另**加钢筋固定**。

至于儿子一家人住的 2 楼部分，则将两户住房横向打通。同样，我们也在钢筋混凝土浇筑的墙壁上选择结构没有问题的部分建造出入口，再用五金建材进行加固。

这样，2 楼的空间便足够儿子一家四口未来生活居住了。不过，玄关位于

1楼，儿媳妇进出很不方便。因此，2楼原本的玄关口予以保留，方便整套房子的出入。

●方便母亲生活

① 涉及用水的地方配置不变

Y婆婆和母亲原本住在1楼，理论上讲，将母亲的房间移到用水区附近是最佳方案。

但是，如果房间的位置关系发生很大变化，就可能会导致母亲病情恶化，因此母亲的房间暂不变动。也就是说，母亲的房间和厕所、洗漱更衣室以及浴室的相对位置不发生改变。

Y婆婆本想把厨房和客厅也改造一下，但为了**维持母亲的生活节奏**，她没有做大的改动，只加装了扶手。

一旦改变老年人刻在身体里的操作顺序或方向感，他们容易摸不着头脑，可能因此诱发事故。

② 防寒措施

母亲以前必须穿着睡衣，横穿过寒冷的门厅，这一问题通过**在门厅安装拉门**得到解决。这样不仅可以防寒保暖，还能起到保护隐私的作用。

③ 无障碍化

我们将**厕所门更换成双开推拉门**[1]，另外还拓宽了走廊，将洗漱间和更衣室合并为一间。

1　在门厅安装拉门，参考第105页。

浴室部分则更换为**适合老年人的整体浴室**[1]，门槛的高度也调低了。

整个房间的地板都进行了找平，不过如前所述，尽量不对母亲房间的结构进行更改。所以母亲房间与客厅和餐厅的细微高差，用**家用小型无障碍坡道**[2]进行调节。

● Y 婆婆的房间可直达卫浴区

我们将 Y 婆婆从前使用的两个房间合二为一，营造出一个带衣柜和储物间的大卧室。最重要的是，为了 Y 婆婆的将来考虑，我们把她的卧室与卫浴

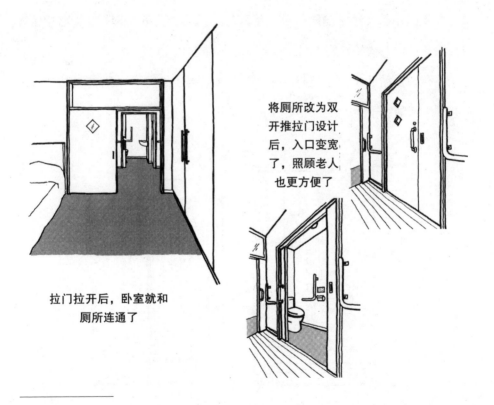

将厕所改为双开推拉门设计后，入口变宽了，照顾老人也更方便了

拉门拉开后，卧室就和厕所连通了

1　整体浴室又称整体卫浴，即在有限空间内实现洗漱、沐浴、梳妆、如厕等多种功能的独立卫生单元。
2　家用小型无障碍坡道，参考第 78、第 79 页。

区直接打通了。

拉开卧室的拉门，关上走廊的门，整个房间就变成一个包含走廊和**卫浴的卧室**。这么一来，就能防止发生起夜上厕所时磕碰到墙壁或门的事故了。

另外，即使在冬天，卧室与走廊、厕所也**不存在温差**，因此不会给身体造成负担。如厕不再是一件辛苦的难事，即使年纪大了也可以自己去。这样**就能有效防止卧床不起**。

●完成后

两岁的小孙女经常蹦蹦跳跳、手舞足蹈地从 2 楼下来玩。Y 婆婆用蕾丝窗帘给孩子做的灰姑娘连衣裙，小孙女爱不释手。

不久，二胎的小孙子也降生了，家里变得更热闹了。Y 婆婆渴望的与晚辈共同生活的房子终于成为现实。（加部）

小孙女穿上连衣裙从 2 楼下来，奶奶看了会心一笑

配置：为未来着想的用水区设计①

- 厕所、洗漱间、更衣室、浴室集中在一处。
- 用水区设置在卧室附近。
- 如果厕所单独设计显得过窄，可以考虑与
  洗漱间合并为一间。

卧室专用的用水区

其他家庭成员也能
使用的用水区

设置两个出入口会更便捷

厕所和浴室：为未来着想的用水区设计②

老年人和残疾人用的卫浴设施，一般会根据其身体情况进行改造，但也有人趁着还健康时提前改造。此处介绍一些无障碍卫浴的基本装修方式。

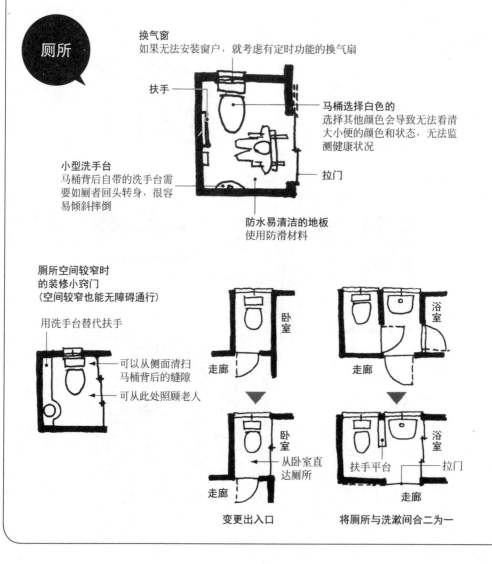

厕所

换气窗
如果无法安装窗户，就考虑有定时功能的换气扇

扶手

马桶选择白色的
选择其他颜色会导致无法看清大小便的颜色和状态，无法监测健康状况

拉门

小型洗手台
马桶背后自带的洗手台需要如厕者回头转身，很容易倾斜摔倒

防水易清洁的地板
使用防滑材料

厕所空间较窄时的装修小窍门
（空间较窄也能无障碍通行）

用洗手台替代扶手

可以从侧面清扫马桶背后的缝隙

可从此处照顾老人

卧室

走廊

浴室

走廊

卧室

从卧室直达厕所

走廊

变更出入口

浴室

扶手平台

拉门

走廊

将厕所与洗漱间合二为一

020

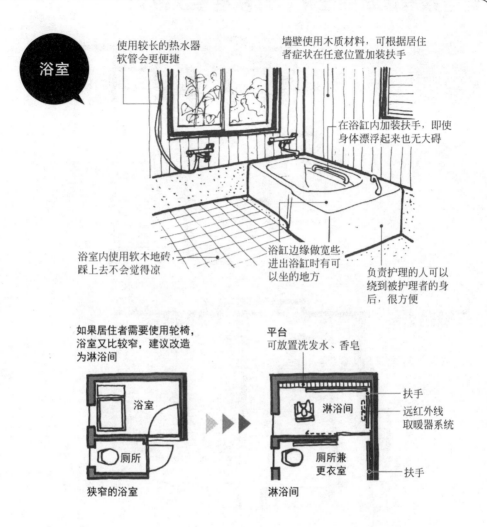

浴室

使用较长的热水器软管会更便捷

墙壁使用木质材料，可根据居住者症状在任意位置加装扶手

在浴缸内加装扶手，即使身体漂浮起来也无大碍

浴室内使用软木地砖，踩上去不会觉得凉

浴缸边缘做宽些，进出浴缸时有可以坐的地方

负责护理的人可以绕到被护理者的身后，很方便

如果居住者需要使用轮椅，浴室又比较窄，建议改造为淋浴间

浴室

厕所

狭窄的浴室

平台
可放置洗发水、香皂

淋浴间

扶手

远红外线取暖器系统

厕所兼更衣室

扶手

淋浴间

一个要点

远红外线是太阳光的一部分，可以渗透到人体皮肤和皮下组织的最深处。空调暖气只能温暖人体表面，远红外线则可以让人体内部也感到温暖。

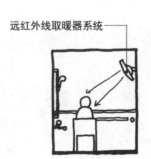

远红外线取暖器系统

配合家庭成员的变化，对住宅多次改造

改造前

储物间

卧室

宽走廊

客厅

洗

餐厅厨房

冷

屋顶

阳台

阳台

2楼

N

0　1　2m

（五次改造中的第三次）

改造后

储物间

书房

主卧

小门

绘图桌
电子钢琴

长子的房间

长女的房间

洗

餐厅厨房

客厅

冷

椅子

阳台
（晾衣处）

阳台

阳台

2楼

0　1　2m

独立住宅

数据

家庭结构

T女士　丈夫　长女　长子　公婆
（40多岁）（40多岁）（10岁）（5岁）（70多岁）

地点：日本东京都
房龄：15年
结构：2层木结构建筑

要点

- 第一次改造：为了两家人同住。
- 第二次改造：孩子出生，增建房屋。
- 第三次改造：新建儿童房。
- 第四次改造：因父亲亡故。
- 第五次改造：建停车场和家庭烧烤广场。

一般来讲，改造只需做一两次，但也有人依据家庭结构和生活方式的变化，灵活地多次改造自己的住所。

T女士就是其中的典型。她与自己的公婆一家人同住。截至目前，他们的住宅已进行过五次改造，房子的变化约等于一部家庭的变迁史。

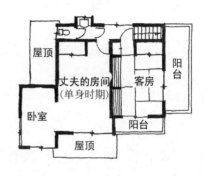

改造前

● "我也想要自己的房间"（第三次改造）

T女士的房子建在绿化很好的住宅区的一角。房龄十五年，木质建筑，共两层。1楼由公婆两人住，2楼则是T女士夫妇和两个孩子一起生活的场所。

第一次改造：第一个孩子出生，T女士回到丈夫老家，与公婆一家人开始共同生活。2楼原本只有房间和厕所，改造时增设了厨房和储物间。

第二次改造：第二个孩子出生，在1楼的屋顶上方增建了儿童空间（宽走廊）和阳台。

第三次改造：改造委托是在冬日的一个午后，我在附近偶遇T女士时接到的。

"我又想改造一下房子了，你能帮我

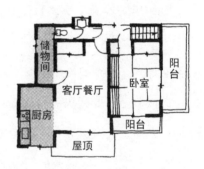

第一次改造后

第二次改造后

做吗？"T女士很随意地问了一句。

"我们家大女儿上小学了，她说想要自己的房间。卧室里到处都是孩子们的玩具，我也很烦，所以拜托你了。"

● 20 坪[1] 的地方装下了八大功能

2 楼共住了四名家庭成员，大小却只有 20 坪。客厅、餐厅、厨房、储物间和带宽走廊的和室一应俱全，就是"1LDK+S"[2] 的户型。

长子年纪还小，客厅和餐厅里玩具散乱得到处都是。和室和宽走廊里放置着床和衣柜，显得很拥挤。

走廊里则堆满了书。T女士的副业是写书评，每周的新杂志如潮水般涌入家中。T女士打扮时尚，衣服和包包多到收纳间都装不下。T女士自己也深切地意识到，必须要做出改变了。

此次改造需要解决的问题是：如何将客厅、餐厅、厨房、洗漱间、厕所、主卧、书房、儿童室等 8 大功能集中在 2 楼 20 坪的空间内。

客厅和餐厅是家庭成员们最常共处的地方，因此我们决定尽力拓宽客厅和餐厅的面积，并以此为中心，按照目的不同，在周围开放式地布局各个区域。

●不对房间过分切分

我们将原来的和室和宽走廊合并，用作卧室，又将卧室分成小型主卧和儿童房。

1　日本的面积计量单位，1 坪约为 3.308 平方米。20 坪约为 66 平方米。
2　L：客厅（起居室），D：餐厅，K：厨房。S 即英语的 service room，包括书房、储物间等非卧室的房间类型。

主卧的宽度刚好够放两张床，剩余部分则是儿童房。不过，考虑到年纪尚小的孩子不适合自己住一间屋子，我们将入口设计成**开放式的拉门**。儿童房的入口朝向厨房，T女士可以随时看到孩子的状况。

儿童房呈长条形，正面宽度为一间[1]。床为上下铺，两侧配置学习桌椅区，保证两个孩子拥有各自相对封闭的空间。考虑到长女未来的生长发育，两个孩子的空间之间还设计了**移动式隔断门**。

主卧与儿童房之间用固定的衣柜墙隔开。不过，长子偶尔还会找母亲撒撒娇，所以在书架一角设置了一个小型出入口。这个**小门**的大小只够长子勉强通过，长子偶尔会探出头来叫一声"妈妈"，或者妈妈会招呼一句"快睡

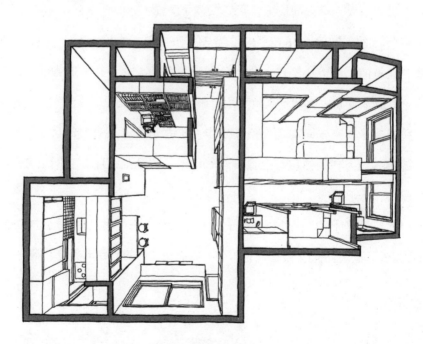

第三次改造结束后

1　间，日本的长度计量单位，约合 1.818 米。

觉"，十分便利。

T女士夫妇的工作区域只会在夜晚使用，所以我们将其设置在太阳照不到的角落。虽然只有1.5个榻榻米[1]大小，但还是放置了写字桌和绘图板。书架上的资料堆积如山，电脑塞在其中，使用者即使坐着也够得着东西。

T先生松了口气："这样总算可以不被儿子打扰，有自己的工作空间了。"为了让孩子也能看到父母工作的状态，我们还在**客厅方向开了个小窗**。

●收拾起来很方便的房间

"我们家所有人都不擅长做家务。"

考虑到T女士家人的情况，我们在客厅设置了一面长6.3米的收纳墙。

整个墙面有33英寸的电视机、音响、吸尘器等大件物品，以及录像带、唱片和大量的书籍等小物件，我们分别为其准备了大小相称的柜子。虽然固定式家具成本较高，但却是高效利用有限空间的最佳方法。

我们选择了一张固定式长条桌来作为T女士一家聚餐时的桌子。**空间的中心确定**后，人和物的相对位置自然就确定了，杂乱无序的空间也开始变得井然有序、易于整理了。

增建部分设计了一张长椅，椅子下方还安装了一个玩具箱，这里也成为孩子们的游乐场。家人们会聚在这里，孩子们能在父母的监督下养成整理的习惯。

●兼顾楼下

为了保持清洁，易于清扫，我们选择了木地板。但由于孩子还小，蹦蹦

1　约为2.4平方米。

跳跳的声音会吵到居住在楼下的父母。于是我们在地板下方铺了**隔音膜**[1]，在楼下一层天花板的背面铺了**隔热材料**，来解决噪声问题。拉门全部采用**悬挂式结构**，这样开关门的声音不会影响到楼下的公婆。

这么一来，此次改造的问题就都解决了。**让每个区域都拥有自己的功能**是解决问题的关键所在。将整个房间按照家务、工作、玩耍、就寝等不同的用途分割利用，既像大开间一样维持了家庭成员之间的接触与交流，又让每个人都能集中在自己的主要活动区域。整个住宅焕发了新姿。

● 1 楼改为书房（第四次改造）

第三次改造之后过了三年，住在楼下的 T 女士的公公去世。于是 T 女士又拜托我们进行了第四次改造。

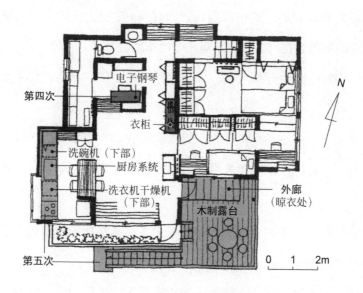

第四次、第五次改造结束后

1　防噪声措施，参考第 30 页。

这三年，T 先生的工作量增加，1.5 个榻榻米大小的书房已经装不下他的东西了。长子钢琴能力见长，T 女士想给他买一个大一号的钢琴，但原来的固定位置已经放不下了。

于是我们将 1 楼的接待室改为 T 先生的书房，以前的书房用来放新的电子钢琴，以前放旧电子钢琴的地方被改为挂大衣处。

同时，为了方便 1 楼婆婆的生活起居，我们还将厕所、洗漱更衣室、浴室和玄关等处进行了改造，让整个 1 楼更安全、更便捷。

●院子前建停车场（第五次改造）

第四次改造后过了四年，T 女士再次联系我们时，她已经 50 多岁了。住在 1 楼的 T 女士婆婆腰腿出现了轻度疼痛，打理庭院已力不从心。

长女即将升入大学，正是需要开销的时候。T 女士决定取消之前与付费停车场订立的租约，在自家庭院前建一个停车场。

另外，钢筋的阳台开始生锈，外墙也已褪色，住宅外围也到了该维护的时候了。

不过只建一个停车场也没什么意思，所以我们在停车场的屋顶建了一个木制大阳台。T 女士一家都喜欢户外活动，这个大阳台正好可以用作"露天烧烤广场"。

我们选择柏木作为阳台的建筑材料。为了让 1 楼外的院子也能接受阳光照耀，我们在阳台的地板间留了缝隙。

停车场的地面则用混凝土块，方便雨水渗透。大门和围墙以及自行车停放处、入口、进门通道周围都统一设计，用素烧红砖装饰。

竣工后，木制露台、红砖与背景的绿色调和得很好，柏木的香味甚至可以蔓延到道路上，一个优质的两代人共用住宅就此诞生了。

● T女士一家的改造观

不要让生活围绕房子转，而要让房子适应生活所需。房子是父母建的，是自己的生长之地，有很深的感情。正因如此，配合家庭成员的成长变化，一点点改造房子，也是一大乐趣，甚至还会成为加固亲情关系的契机。

T女士夫妇现在依然奔波在工作、家庭、居民自治活动之中。下一次改造应该是孩子们离家奋斗之时吧。T女士家的改造应该还会持续下去。（加部）

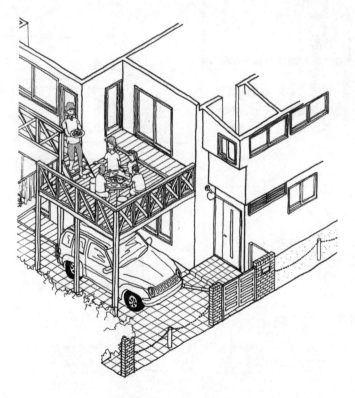

停车场和露天烧烤广场竣工

防噪声对策：两代人同住不可或缺

- 使用可吸收噪声的地板材料，如草席、地毯、软木地砖等。
- 铺地板的话，要么使用有隔音材料的产品，要么在地板下方铺设隔音材料。
- 在1楼天花板和2楼地板之间铺设隔热材料。
- 考虑房间布局。

如果将儿童房安排在卧室上方，卧室会很吵，让人无法入睡

客厅人多易聚集，如果卧室设置在旁边，中间最好再设置一间过渡房

卧室可以设置在1楼的耳房

一个要点

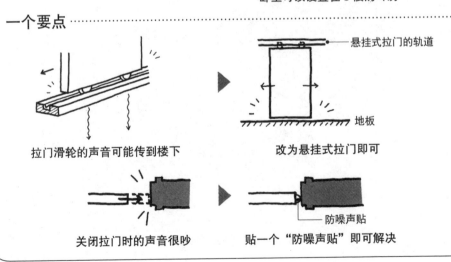

拉门滑轮的声音可能传到楼下

改为悬挂式拉门即可

关闭拉门时的声音很吵

贴一个"防噪声贴"即可解决

第 2 章

孩子离家独立：
这次换自己做主角

许多人借结婚或生育之际购置或租住新房，但是，孩子成年离家之后，儿童房就空置了。可一旦撤除儿童房，以后孩子带着孙辈来玩时，又无法妥善安排。

本章将介绍如何有效利用儿童房的空间，便于孙辈玩耍。还介绍了孩子离家 12 年后，正式改造住房，让自己做主角的例子，以供参考。

儿童房闲置后，改变各个房间的用途

改造前

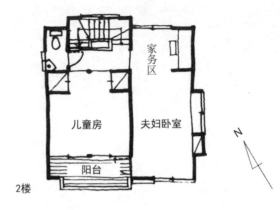

儿童房　夫妇卧室

家务区

阳台

2楼

N

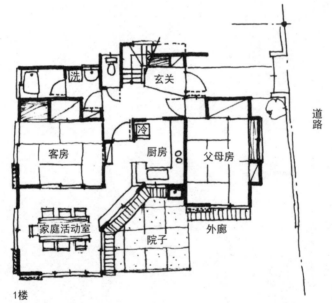

玄关

洗

冷

客房　厨房　父母房

家庭活动室

院子

外廊

道路

1楼

0　1　2m

要点

- 孩子独立后，仅夫妇两人一起居住，希望重新考虑今后的居住方式。
- 房龄已有 25 年，需要检查确认还可以住多久，要如何修理，花费多少。
- 在考虑未来的基础上，仅对需要维护的地方进行修缮。

适合老年人

独立住宅

预算低
（约560万日元，含新建停车区和围墙修理费用）

032

改造后

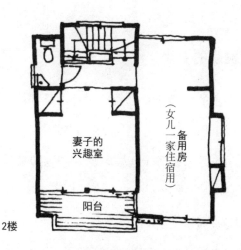

妻子的兴趣室

备用房（女儿一家住宿用）

阳台

2楼

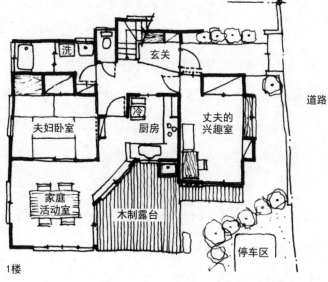

洗

玄关

道路

夫妇卧室

厨房

冷

丈夫的兴趣室

家庭活动室

木制露台

停车区

1楼

0　1　2m

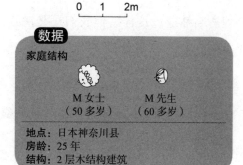

数据

家庭结构

M女士（50多岁）　　M先生（60多岁）

地点：日本神奈川县
房龄：25年
结构：2层木结构建筑

●二十五年内家庭发生的变化

二十五年前，M 女士的住宅正是在我的设计之下建起来的。前几天，M 女士打电话来问："我有事想找您商量，方便来一趟吗？"

时隔多年我再次到访她家，房子新建时安置的大圆桌还在老地方迎接我的到来。

"我婆婆经常坐在这张椅子上休息。"

M 女士的公婆习惯了围坐在矮圆桌边过日子，我曾担心他们会不会不习惯坐椅子，当时提议装椅子时诚惶诚恐。M 女士公公过世后，好在婆婆健健康康地活到 99 岁，这些回忆让我们都很开心。

家庭活动室兼有客厅和餐厅的功能，西面靠坡，视野极佳。南面能看见 M 女士父亲用心打理过的庭院，东面是个露台，上面放着养有青鳉鱼的鱼缸。这间家庭活动室三面都很开阔，即使在里面干坐一日也不会觉得无聊。

二十五年前重建这座房子时，M 夫妇才 30 岁出头。两个女儿一个上小学，一个还在上幼儿园，一起居住的公婆都 70 多岁。当时重建本是想解决房屋老化和地方局促的问题，厨房原本设置在北侧，又暗又冷，当时觉得理所当然应该这样。但我们还是决定将厨房换到房子的正中，营造明亮温暖的氛围。

M 女士曾说："希望一家六口能够围坐一起愉快饮食，畅快聊天。"基于此，我们将厨房和家庭活动室打造成整个屋子最棒的地方。M 女士和她婆婆都称赞："在厨房的时间很愉快。"

新房改造后没过多久，M女士的公公去世了。孩子们长大了，长女婚后离家，没多久孙辈也来家里玩了。

几年前，M女士的婆婆去世了，二女儿也结婚离家，现在M女士与丈夫两人生活。

丈夫退休后，生活一下子发生了变化。没多久二女儿要回老家来生孩子。从M女士一家的剧烈变化，我们可以感受到二十五年的时光荏苒。

"我希望你能来帮我想一想，未来如何在这间房子里愉快地生活下去。"

这就是M女士说想要和我商量的事。

这间房子见证了M女士夫妇结婚、生孩子、公婆去世等家庭的重大变化，她希望今后也能在这里自由自在地生活下去。所以我决定先听取她的意见，再思考具体该怎么做。

●考虑未来十年左右的事

M女士在这栋房子里居住到现在，没发觉有什么特别不方便的地方。不过，家庭结构变化了，女儿们都各自成家，未来不太可能和老两口在一起居

25年里整个家庭的变化

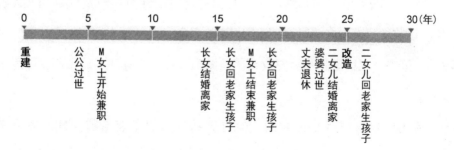

住，但是仍会把 M 女士住的地方当成老家，时不时回来玩。

这里交通方便，M 夫妇两人在养育女儿的过程中结识了许多好友，他们希望能尽量继续在此居住。不过，**现在这样的生活还能持续多久，谁也说不清楚。**

M 女士自己的父母已去世，但还有上了年纪的姐姐和姐夫。他们曾表示希望未来 M 女士能搬回老家和他们一起住，所以 M 女士也有可能回农村老家。

于是，我们**姑且按照 M 女士还会在这里住十年来制订计划。**她希望这次改造花费不要太高。现在做好准备，未来不用太依赖女儿们的帮助就可以安心安稳地生活。

●变换用途后房间得以重生

自从这个房子只有 M 夫妇两个人住后，他们晚上不再上 2 楼，而是在家庭活动室旁边的客房睡觉。于是，我们索性把客房改造成卧室。女儿一家回来时，2 楼原来的卧室就留给他们住。住在 2 楼，女儿和女婿也能休息得更好。

M 女士酷爱手工和裁缝。于是我们将闲置的儿童房改造成她的"兴趣室"。以前常住人口多的时候，缝纫机挤在卧室一角，现在我们把它挪到"兴趣室"里来。在这里就不需要收拾了，做到一半，工具和半成品摆在那里也没关系。

M 先生也有更多自由时间，他也表示自己想坐在电脑前好好做点事情。于是，我们将以前他们父母的卧室改为 M 先生的兴趣室。为了方便邻居们来串门，我们将这间房改为带外廊的和室。这次改造只对地板进行了更换。

退休之后，夫妇两人与其从早到晚都在同一间屋子里，不如在各自的空间做自己喜欢的事[1]，这样才更舒服。

如果有一方喜欢外出，那没什么问题。但是如果有一方身体不太好，或者两个人都喜欢在家里，房子里就需要有**能够保持距离**的空间。

●让住宅更舒适

M女士家所有房间几乎都只需变换一下使用方式，不用花太多费用就能焕发新的生机。不过，毕竟已经过了二十五年，房子内还是有很多需要修缮的地方。

热水器出过多次故障，也修过多次，款式已经旧到连厂商都没有零件了。这次必须更换新产品。我们想，既然要换，就将整个浴室的配置都换掉。为了即将出生的孙辈和M夫妇年老后的生活着想，我们考虑将这个浴室改造成**暖和且没有高低差**的空间。

浴室西面的窗户是内外双窗槽设计，视野很好，我们没做改动。由于工期较短，我们选择了整体卫浴的装修方式。其实浴室的大小没变，只是将**更衣室和地板找平**，这就感觉宽敞了很多。

厨房本是木匠量身定做的，桌台用的是红色瓷砖，水槽则设计为白色。从前M女士经常和婆婆一起在这间厨房里忙前忙后，婆婆去世后便换成夫妇两人穿梭其间。他们使用时很爱惜，完全看不出厨房已经使用了二十五年。

1　参考第 143 页。

不过，水龙头还是有些故障；另外，可能是被掉下来的什么东西撞击过，珐琅材质的水槽上有一些损伤的痕迹。

于是，我为他们安装了一套便宜又方便的**简易系统版整体厨房**，并用木匠建造的配餐台（兼垃圾分类处），让整个厨房清爽整洁了许多。利用这个机会，M女士清理了厨房的锅碗瓢盆，结果发现甚至连碗橱都不需要了。

房子整体朝西，还需考虑午后斜阳的影响。到了夏天，M女士通常会在窗外悬挂遮阳帘。但随着年纪增长，收取工作越来越辛苦。木板套窗也出现了裂痕，于是我们将窗户换成**翻卷型的木板套窗**，操作起来轻松了许多。

 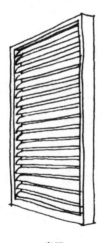 

全关
与一般的木板套窗相同，有防风、防雨、防噪声、防盗的功能。

半开
有围挡、隐私保护、调节光线的功能。既遮阳又通风（装在窗户外部，所以效果更佳）。

全开

翻卷型木板套窗

●休闲用木制露台

为了方便来外婆家玩的孙辈进出，我们将阳台改为大型木制露台，并且和 M 先生兴趣室的外廊相连。材质用的是日本扁柏，考虑到婴儿会在上面爬来爬去，就没做任何涂装。

院子里每个季节都会繁花盛开，过路行人也觉得赏心悦目。未来 M 夫妇计划坐在木制露台上喝茶闲聊。看着眼前打理好的院子，应该会无比幸福吧。

屋顶和外墙的修缮工作已完成，关于未来生活方式的思考也有了定论，M 夫妇与二十五年前重建房子时一样，露出满意的表情。

木制露台成了孙辈玩耍的最佳场所

如何给房子做"体检":建筑也会老

下表展示了房子各部位大致应在什么时候进行维修和更换设备。您的房子是不是有些地方已经很久没有修缮过了?请按项目进行确认。

表格分组：**建筑的外部装潢**（屋顶：瓦／color best 瓦*／彩色铁板；外墙：砂浆喷涂／壁板／彩色铁板；阳台：铝制品／木制品；雨水管：聚氯乙烯材质／铜或不锈钢材质）；**建筑的内部装修**（地板：榻榻米／纯木板材／木地板／地毯／软木地砖；墙壁：灰浆／壁布／板材；天花板：木板／布／油漆；门窗：窗框／纱门纱窗／木制门窗隔扇／袄障子／障子）

年	瓦	color best 瓦*	彩色铁板(屋顶)	砂浆喷涂	壁板	彩色铁板(外墙)	铝制品	木制品	聚氯乙烯材质	铜或不锈钢材质	榻榻米	纯木板材	木地板	地毯	软木地砖	灰浆	壁布	板材	木板	布	油漆	窗框	纱门纱窗	木制门窗隔扇	袄障子	障子
1																										○
2																										○
3											○				○											○
4																										○
5								○	○									○				○	○			○
6											○															○
7																										○
8				○	○										○											○
9											○				○											○
10	○	○	○					●								○	●	○				○				○
15		○	○						●				○		○	○		●		●		○				○
20	●	○	○				●	●	○	●			○		●	○		●			○	○	●			○
30	○	○	●				●	●	●	●	●		○		●	○	●	●			●	○		●		○

其他注意点（按列对应）：
- 瓦：台风或地震之后检查
- color best 瓦：涂装部分注意破损处是否需修理
- 彩色铁板（屋顶）：改装后每五年检查一次
- 砂浆喷涂：有裂缝应立即修补
- 壁板：勿忘堵缝
- 彩色铁板（外墙）：生锈前进行涂装
- 铝制品：更换聚氯乙烯材质的帘子
- 木制品：要勤于涂装
- 聚氯乙烯材质：每半年扫一下后檐查
- 榻榻米：通风很重要，3 年翻 6 面表皮
- 纯木板材：第一次打理很重要
- 地毯：少用水擦拭
- 软木地砖：干毛巾擦拭；每三年一次打蜡；日晒免直射
- 壁布：擦拭油渍
- 板材：碱水清洗
- 油漆：浴室和厨房要尽早修理
- 窗框：清扫轨道
- 纱门纱窗：破损或脱落时需修理
- 木制门窗隔扇：检查金属建材
- 袄障子：根据破损和褪色情况更换糊纸
- 障子：尽量每年进行检查或更换

---

* 日本 KNEW 公司生产的一种瓦，商标名为 color best

如果将和自己房子有关的所有事项都汇总到一个笔记本内，就会方便很多。右侧的这些项目务必要记录下来。

竣工年月日、面积、施工方及其联系方式、施工费、缴水电气费时用的账号、外部装潢、内部装修、修理的记录

○检查、修理
●更换

表头分组：基础设施（家具 / 自来水 / 下水 / 电 / 气）；其他（围墙 / 附属品 / 家电等）

家具	窗帘等	水龙头	工具	水管	排水	化粪池	电灯	换气扇	空调	热水器	厨房电器	混凝土围墙	围栏	绿篱	车棚	库房	家电等	年
						○								○				1
						○								○				2
						○								○				3
						○								○				4
	○	○		○		○	○		○	○	○			○	○			5
						○												6
						○												7
						○												8
						○												9
○	●	○	○	○	○	○	●		○	○	●							10
	●	○		●		○	●	●	●	●	●		●		●		●	15
○	●	○		●	○	○	●	●	●	●	●		●		●		●	20
○	●	●		●	●	○	●	●	●	●	●	●	●	○	●	●	●	30

其他注意点（按列）：
- 窗帘等：更换密封填料
- 水龙头：马桶、蓄水池漏水时修理
- 工具：蓄水池漏水急时修理
- 水管：注意漏红锈水问题，每年都要检查
- 排水：注意堵塞和恶臭问题每年要检查
- 化粪池：漏水、堵塞问题，每年都要检查
- 电灯：器具的寿命一般为10至20年
- 换气扇：勤于清扫可延长使用寿命
- 空调：过滤器每半年清扫一次
- 热水器/厨房电器：出故障时检查或更换
- 混凝土围墙：地震后检查
- 围栏：铁制品部分每5年重刷一次漆
- 绿篱：每半年修剪一次
- 车棚/库房：铁制品部分每5年重刷一次漆

041

为了方便孙辈偶尔来玩，用移动式隔断墙迅速调整房型

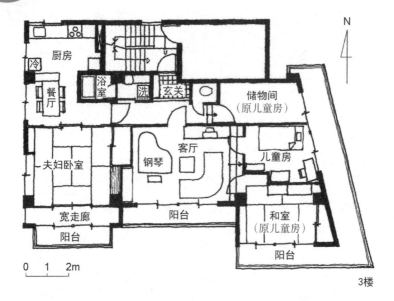

厨房

冷

餐厅

浴室

洗

玄关

储物间
（原儿童房）

夫妇卧室

钢琴

客厅

儿童房

和室
（原儿童房）

宽走廊

阳台

阳台

阳台

N

0　1　2m

3楼

独立住宅

要点

- 为了方便长子长女一家来玩，将客厅餐厅和厨房并为一间。
- 在同住的二女儿的房间内加装移动式隔断墙来分割空间，方便长子长女一家来短住。

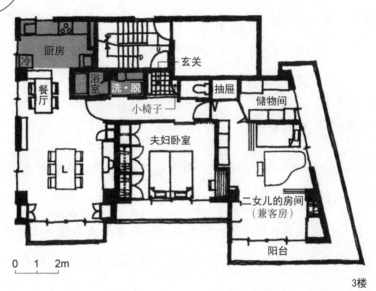

改造后

厨房
冷
餐厅
浴室
洗·脱
小椅子
L
夫妇卧室
玄关
抽屉
储物间
二女儿的房间
（兼客房）
阳台

0 1 2m

3楼

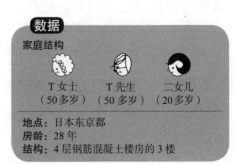

数据

家庭结构

T女士
（50多岁）

T先生
（50多岁）

二女儿
（20多岁）

地点：日本东京都
房龄：28年
结构：4层钢筋混凝土楼房的3楼

●老两口二人世界的时间很短暂

孩子们离家独立后，老两口可以独享家中的宽敞空间，不过这种情况只是暂时的。很多家庭的子女结婚后没多久，孙辈一出生，大家又会聚在一起，家中就会恢复往日的热闹。

这么一来，家中的人数不仅没减少，反而还有所增加，需要的空间也更大。但是，子女的小家庭只是偶尔来玩，没必要为了他们专门留一个房间。T女士家正面临着这样的烦恼。

●餐厅里挤不下所有家人

T女士夫妇住在一栋钢筋混凝土4层楼房中的3楼。顶楼住着姐姐一家人，2楼则是T女士母亲的住处，1楼是丈夫的办公室。

T女士一家从前有五口人，后来长子和长女都离家独立了，现在只剩夫妇两人和二女儿住在一起。长子和长女一家也常常来玩，所有人都聚齐的话，有10人左右。T女士说："大家好不容易聚在一起吃饭，但餐厅居然坐不下。"T女士想让所有家庭成员都能宽敞舒适地休息，于是她决定改造一下房子。

●旧房型已无法应对家庭成员变化

T女士的房子朝南，共有3间房。

客厅位于整个房子的正中间，放有大钢琴。客厅一边是T夫妇的主卧，为和室，另一边则是3间儿童房。餐厅和厨房位于主卧的北侧，与客厅有一定距离。

这样的房型设计问题点在于，家人常常聚在客厅，但客厅离餐厅和厨房太远了。且客厅为非开放式房间，大钢琴放进去后占据了很大的空间。

T女士的二女儿是公司职员，每晚都会在客厅弹钢琴，算是一项日课。钢琴本可以在自己房间里弹，但房间太小，钢琴放不下，所以才占用了客厅的空间。儿童房被分割成3间。T女士一家的家庭结构已经完全变化，现有户型设计用起来十分不便。

还有一点，3间儿童房的地面要比其他房间高出近1米，这也是一大问题。

●改造，让家人成为主角

这栋公寓建造时，社会正流行重接待室、轻家庭聚会室的户型风格。这套房子也不例外。玄关前配置了一个接待室，看样子，接待室后来应该又被用作客厅。

然而，如今房子的主角不是客人，而是家人。因此，我们将原先的主卧和宽走廊合并为一间西式房间，用作新客厅，并与餐厅和厨房连成一个整体。原来的客厅被改造为T夫妇的卧室。

要想让客厅成为家人愉快玩乐的空间，需要对天花板的改造下点功夫。我们将天花板抬高成曲面状，安装照明器具，这样一到晚上，灯光会顺着曲面倾泻而下。

改造时，楼层的高度无法改变。特别是高级公寓和混凝土浇筑的房子，顶棚（天花板内部）的空间很窄，其高度也会受限。

因此，在设计阶段就需要将埋设的照明器具和壁橱式天花板的板材拆卸掉，露出天花板背后的空间。如果空间被楼上的管道挤得水泄不通，可能会让人失望，但凡有一点空间可以利用，设计师就会高兴的。设计师可以整体提升天花板的高度，也可以将部分区域改造为穹顶（圆拱形的天顶）或拱形，打造间接照明模式。这么一来，整个空间就能变得充裕且颇有情调。高高的、有空间感的天花板能让人心情愉悦。

为了让包括孩子和老人在内的所有家人都能舒适地在家中度过，我们装上了**温水地暖**[1]。考虑到将来或许餐厅的地板也需要更换，为了到时候也能铺上地暖，我们还提前铺设了预备管道。

客厅和餐厅合二为一后，大家庭的所有人都能围坐在一起用餐

1　参考第 69 页。

●有时是二女儿的房间，有时是孙子的房间

通常，高级公寓的地板除了用水区受设备条件限制可能会有高差外，其余地方高度基本都是相同的。只需要拆掉隔断墙，就可以自由变换户型。但是，如前所述，这套房子儿童房区域的地面比其他区域高出近1米，且是混凝土浇筑的。这么一来，就算房间狭窄，也没有办法将二女儿的房间与原来的客厅合到一起扩充面积了。

想要把二女儿的房间扩大，放得下钢琴，只能依靠改造儿童房的区域来实现了。另外，长子、长女两家人回来时住的客房也需要准备。

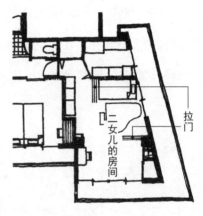

平时

于是我们试着换个角度思考。**没有必要为偶尔才会来的客人专门空出一间房**。所以我提出，使用**移动式隔断墙**，只在需要时临时分割出一间客房即可。

具体而言，安装数片高度到房梁的拉门，通过开关这些拉门来改变户型。日常时，将所有拉门都敞开，创造出一间13个榻榻米大小的卧室，作为二女儿的房间。大钢琴也能轻松放下，墙壁的凹陷处又刚好可以放下三组衣柜。

孙辈来玩需要住下来时，将拉门从两边向中央呈T字形关闭，就能分割出两个

孙辈来短住时

房间和一段走廊。靠南的是客房，有了走廊，去厕所等进出时也互不打扰。

　　T女士听了我的方案，说："原来如此。"看来她很中意。未来二女儿也离家独立时，这个空间要怎么利用，T女士现在已经开始在心中盘算了。或许她会用来满足自己的兴趣爱好，建一间"干花工作室"。

●新的大钢琴

　　T女士家的房子改造已经过去十年了。写这本书时，我打电话问她，她说原来的大钢琴在二女儿结婚后就搬去她的新家了。不过T女士又买了一架新钢琴，放在原来的地方。这次换孙辈来弹了。

　　女儿离家独立后，孩子们又来了，T女士家总是欢声笑语不断。

　　住在楼下的T女士母亲每天都会上楼来看看，就坐在门口玄关处的小椅子上，和T女士聊天谈心。

　　宽敞舒适的客厅、可以随心弹奏钢琴的环境以及T女士稳重的性格，吸引大家聚在这间房子里。

平时整个宽敞的空间都是二女儿的

为将来考虑：在玄关加装小椅子

上年纪后，坐在位置较低的玄关穿鞋很费劲。在玄关增建一处小椅子就会方便很多。不仅穿脱鞋时可用，放个小包裹或小行李时也能派上用场。

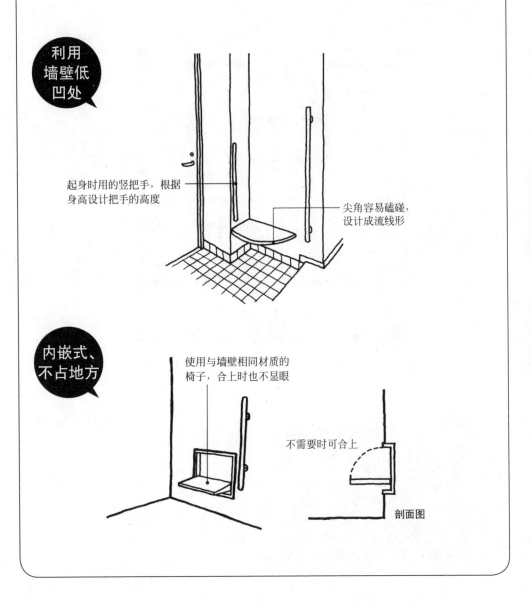

利用墙壁低凹处

起身时用的竖把手，根据身高设计把手的高度

尖角容易磕碰，设计成流线形

内嵌式、不占地方

使用与墙壁相同材质的椅子，合上时也不显眼

不需要时可合上

剖面图

打造舒适的独居住宅时，准备孩子一家的短住房间

改造前

N

榉木收纳台

玄关

和室
（原儿童房）

浴室

客厅餐厅

洗·脱·走廊
洗

西式房间
（原儿童房）

和室
（原S夫妇房间）

厨房

阳台

阳台

0　1　2m

骨架式改造

公寓

要点

- 孩子离家独立已12年，为了让自己可以更舒适地居住，需要彻底改造。
- 虽然进行骨架式改造，但由于业主已习惯原有房间布局，所以不做大修改。
- 孩子们及其家人旅居海外，偶尔会回国，需要为他们准备暂住用的房间。
- 虽是老人，但仍然选择深底浴缸。

改造后

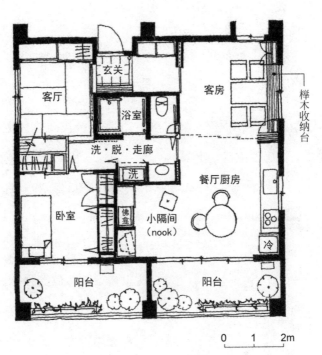

客厅

玄关

浴室

客房

榉木收纳台

洗·脱·走廊

洗

餐厅厨房

卧室

佛盒

小隔间
（nook）

冷

阳台

阳台

0 1 2m

数据

家庭结构

S 婆婆
（60多岁）

地点：日本东京都
房龄：33 年
结构：7 层钢筋混凝土楼房的 6 楼

并非所有的"骨架式改造[1]"都要对户型进行彻底改变。自己的房子住了那么久，明白哪儿好，哪儿不好，身体也在不知不觉中与房子融为一体。因此，有些"骨架式改造"也不会对户型做过多的改变。

汰劣留良，是让老年人的独身住宅更舒适的关键所在。S婆婆住宅的改造就是一个好例子。

●选择独居的原因

S婆婆联系我们时，语气有些客气。"我住的公寓要整体更换输水管道，我想趁这个机会把房子改造一下。"

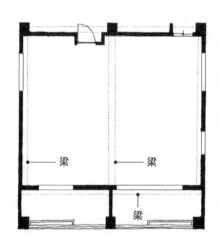

房屋仅剩骨架时

S婆婆在东京都中心城区地铁站附近的这栋公寓里已经住了三十年。一开始由于丈夫在贸易公司上班，经常去国外出差，所以夫妇两人放弃独栋别墅，买了高级公寓。一家四口以这间公寓为据点，S婆婆经常会随着丈夫的工作调动，在纽约和德国等海外地区长时间生活。

S婆婆的丈夫二十五年前去世，两个孩子也都结婚成家，S婆婆自由自在一个人生活了十二年。

1　只保留房屋的结构和骨架，其余部分完全换新。如果是钢筋混凝土公寓，就只保留所有房间共用的梁、柱、墙壁、地板等，户型彻底变更。同时更换装饰材料，整体浴室和马桶等设备也都换新，将房子彻底改造为自己理想的住宅。不过，厨房、浴室等与设备紧密相关的地方可能会受到管道配置的限制。

孩子们也曾跟 S 婆婆提议，希望她老了之后和子女一起住。但是 S 婆婆总觉得中途加入子女的家庭，自己像是个累赘，心里不太痛快。因此她选择独居，自己**做自己房子的主人**。

S 婆婆想，那不如把房子改造一下，这样老了之后也能一直在这套房子里住。但是计划一直没有付诸实施。过了几年，公寓规划多年的排水管道整体施工终于开工了，S 婆婆这才行动了起来。

●住宅样貌彻底改变，S 婆婆满怀期待

首次咨询接待时，S 婆婆表示："我想做骨架式改造。设备和管道配置也都一起换新。""骨架式改造"这样的词竟然从一个上了年纪的客户口中蹦出来，我着实吓了一跳。S 婆婆想要将房屋的规划和设计彻底推倒重来，创造一个完全不同的新世界，看得出来 S 婆婆对此既兴奋又期待。

此外，S 婆婆还提出四点需求。

① 厨房建成开放式的，可以边看电视边做饭。

② 收纳柜不要建太多，否则物品东塞西塞，反而找不到。她自己会整理东西，不用的都扔掉。

③ 想建一个和室，供儿子、女儿和孙辈短期回国时临时居住。

④ 想要一个**小隔间**（nook）[1]，供自己休息。

●有个人特色的住宅

S 婆婆的房子位于一栋 7 层公寓的 6 楼，北面的窗户虽小，但四面采光

1　凹处、隐蔽处之意，一般指房间的角落等地。源自意大利语。

充足，通风性好，其优越条件甚至与独栋住宅无异，即使在大热天里也不需要冷气或电风扇。

刚买这套房子时，S 婆婆不满意原本统一的施工计划，于是在开工前**紧急找人修改了设计方案**，最后建成现在三室一厅带厨房和餐厅的户型。洗漱间、更衣室和走廊共用，浴室设在中间，可以绕其一圈，这样的户型相当有个性。

客厅的收纳台用一整块榉木板制作而成。两个孩子的家庭照片局促地摆在上面。

●内心真实的想法

骨架式改造需要考虑设备和管道配置，对房屋进行合理布置。S 婆婆的房子四面都有窗户，除用水相关设施之外，客厅、餐厅、卧室、和室的配置都比较自由，于是我们提了好几种备选方案。

在多次商谈后，我们了解到 S 婆婆有如下愿望。

收纳台上摆放着孩子们的家庭照片

①东侧窗户附近风景很好，想用作客厅兼会客室。

②自己休息的地方还是倾向于暖和的南侧。

③客房平时闲置，所以可以设置在能听到楼上声响的西侧。

④厕所靠近玄关，用起来很不自在。这样有客人来时，去厕所时不被看到，也很方便。

⑤不希望从玄关处能看到屋子里面，希望在大门正面的玄关口建一堵墙遮挡。

⑥洗漱更衣室保持原样，与走廊共用，没任何不便之处。

⑦洗漱更衣室、和室至玄关的出入口均保持现状，让西风通过。

另外，我们与S婆婆具体沟通之后得出结论：**现在的户型是她住得最舒服的。**

在一座房子里住久了，不管是感受室内光线和风向，还是在室内移动起居，这些与房子相处的方式都会不自觉地渗入一个人的身体中，成为习惯。如果对此大加改动，可能会对身体和心灵造成很大的负担。

所以，我们没有对这套房子的户型进行大范围改动，只是修缮了目前为止不舒服的地方，重建了部分设施，让S婆婆能住得更舒适。

●浪漫的夜景

新设计的客厅兼会客室在风景不错的东侧。从东侧窗户往外望，可以看到东京都厅和涩谷的东京歌剧城等高层建筑，代代木公园茂密树叶撑起的绿色也能尽收眼底，十分养眼。

夜景也很美。涩谷新宿附近的高楼亮起灯光后，窗外的美景让S婆婆引以为傲。如果沿着窗户建一个吧台，甚至会让人想摇晃着红酒杯驻足欣赏。

这样景色秀丽的窗户是朝东开的，熹微晨光照进来，心情无比愉悦。但这光照对于 S 婆婆来说有些晃眼了，所以我们保留了加在窗户上的那扇拉门。

窗户两侧是碗橱，正前方用原来客厅的榉木板设计制作了一张带收纳功能的台子。

为了能在墙上多挂些 S 婆婆喜欢的图片和孙辈的照片，我们在墙壁上埋设了两条照片横木。

●做饭时眺望窗外

S 婆婆说："虽然一个人住，但**我不想对着墙做饭**。"说白了，S 婆婆其实想要一个开放式厨房。不过，受排水和排气线路影响，设计上能做的很有限，只能够将厨房设在背对南侧阳台的位置。

我们将情况告知 S 婆婆后，她重新确认了自己做饭时在厨房的行动路线，说："一日三餐我站在厨房里，总会不时地望向窗外。如果改成开放式厨房，我面向客厅，挡住南侧的光线做饭，这样心里也有点不舒服。"

最终商量之后，我们决定厨房的位置维持原样。

不过，我们对整体厨房的细节部分进行了精心设计。抽屉和收纳都设计成更容易抽放的类型。吊门又高又不方便取放东西，所以这次没选用。

S 婆婆曾说目前洗碗对自己而言并不辛苦，但是她在国外见识过**洗碗机的方便**。考虑到她未来可能身体不好，我们还是为她装了一台。

有些面向客厅的整体厨房会设计成家具风格，但是 S 婆婆认为厨房内都应是机械设备，所以板材、煤气炉和吸油烟机都统一成不锈钢材质。

客厅窗外风景秀丽，还可以变身为客房

●喜欢的地方

在阳光充足的客厅旁边，我们设计了一个口袋式房间，只有 3 个榻榻米大小作为 S 婆婆自己休息的场所。这样的房间称作小隔间（nook）。在这里，S 婆婆可以坐在地板上悠闲地看报纸，或者做自己喜欢的剪报，也可以看电视。

考虑到 S 婆婆很可能在小隔间和餐厅附近度过一天中的大部分时光，我们决定将两个房间设计到一起。另外，我们还把佛龛设置在这个房间内安静的一角。

S 婆婆大概率会在小隔间内席地而坐，客人来访时还会在客厅内铺上坐垫。如果选用硬木地板，就会不太舒适；选用地毯，尘埃和垃圾又很让人介意。最终我们选择了有适度的弹性且触感柔软的软木地板。墙壁用的是能调节湿度的

小隔间设置在餐厅旁一角，被暖意包围

硅藻土。深棕色的软木地板配上**浅鲑鱼红色**的硅藻土，给人一种品位高雅的感觉。S 婆婆对这色调一见钟情，除和室外，所有房间都用这种颜色搭配。

●让孩子及其家人也能短住

儿子和女儿一家基本都在国外工作，S 婆婆想要为孩子们准备一间最小限度的**客房**，方便他们临时回国时居住。

通常遇到这种情况，我们会采用"客厅兼用计划"。即在客厅的延长线上建一间和室，平时当作客厅的一部分使用，需要用时再切分成两个房间。但 S 婆婆反对这个方案。

她担心这样做之后，自己会想要将日常用品堆放在和室，不知不觉这间和室也变成自己的生活区，留下难闻的味道。这么一来，孩子和家人们每次回国，S婆婆都要匆匆地收拾。另外，考虑到孙辈年纪还小，让他们拥有一个独立安静的房间会更好些。

与S婆婆多次商量后我们决定，在房屋西侧设置一个可以**勉强铺下三套寝具大小的和室**。室内设置一个悬空式抽屉用作收纳，下方可用来摆放行李箱，抽屉里则可以装下大衣和褥子，有效地利用有限的空间。

但是，如果一家四人都在，这里还是太窄了，所以还需要一间房备用。我们在客厅和餐厅中间安装了一个**吊顶悬挂门**，这样就可以将客厅临时变为客房。悬挂门不需要在地板上铺设轨道，平常这就是很普通的一个客厅兼餐厅的房间，没有任何违和之处。

●无须设置无障碍设施

这套房子原先的浴室用的是古老制作工艺，地板和墙壁贴的都是瓷砖，配上不锈钢材质的独立式浴缸。

未来怎么办？S婆婆很迷茫。如果换成带无障碍设施的整体浴室，用起来更方便，清扫也轻松很多。考虑到年老后的生活，潜在危险更小的浴室应该更好。S婆婆的好朋友们的家里已经都换成整体浴室了。但是，对整体浴室那种顺滑又充满无机物的感觉，S婆婆真的喜欢不起来。

浴室内刻意选用与原来
相同的独立式浴缸

我曾经为老年公寓设计过用传统工艺制作的嵌入式浴缸，就把这件事当作参考讲给 S 婆婆听，她下定决心要用同样的工艺给自己的浴室做改造。

可是，高层公寓改造时，不可能通过削减地板的厚度，将浴缸埋设进去来减小浴缸与地面的跨度。

我有些担心："以后您要跨进浴缸，应该会很辛苦。"S 婆婆听到后，一下子站了起来，身体前倾，两手撑在地板上说："你看，我的身体可是这么柔软的哦。"

据 S 婆婆说，她的母亲活到 90 岁，在去世前身体一直健康，还能自己进出独立式浴缸。S 婆婆还说，自己的父亲和哥哥也很长寿，她想证明她的家族都很长寿。

听她这么说，我放心了很多。我为她找到她喜欢的不锈钢浴缸的老年人专用款，告诉她这件事后，她十分开心。她说不锈钢的浴缸要素色的就好，于是我们特别为她定制了一款。拉门和浴缸盖选用了柏木，这种木材香味出众，富含桧木醇，据说还有抗菌作用。

为老人房做改造时，考虑到老人身体机能下降，我们总会优先考虑其安全性。但事实上，**过度的保护可能会削减老人的需求，反而加速老人身体机能的下滑**。

S 婆婆的经历再次告诉我，克服日常生活中的不方便之处，对于保持年轻十分重要。（加部）

第 **3** 章

老两口的二人世界：
想要一直携手并肩走下去

　　没有孩子的夫妻能一直以恋人的身份亲密相处。夫妻不分房，在类似大开间的住宅中生活起来或许会更舒适。这样家里会更宽敞，家务也更轻松，一切都更合理。

　　本章将介绍一些改造案例，看看如何改造住房，让夫妇两人在年老时也能相互搀扶，携手生活。

老两口自己开诊所，一起工作到老，享受二人世界

改造后

外走廊

改造前

外走廊

N

衣物收纳间
家务收纳间
玄关
门厅
洗·脱
浴室
厨房
冷
客厅餐厅
卧室
榻榻米区
活动帘

收纳间
书房
玄关
洗·脱
浴室
厨房
冷
收纳间
卧室
客厅餐厅
阳台

0 1 2m

外走廊
玄关入口
梁
阳台

适合老年人　公寓楼房

骨架式改造

0 1 2m

数据

A 女士
（50多岁）

丈夫
（50多岁）

地点：日本东京都
房龄：25 年
结构：14 层钢筋混凝土楼房的 11 楼

要点

- 夫妻两人很忙，不会退休，改造后的新房让做家务更方便。
- 不分割房间，建成一个 28 个榻榻米的大开间，就餐、工作、爱好、休息和就寝都在同一个空间完成。

●决定一直住下去

第一次造访 A 女士的公寓，是在 5 月一个微风习习的日子。我们从十几座公寓群的入口处登上了一个平缓的斜坡，榉树等高大的乔木覆盖着小路，周围郁郁葱葱，打理得井井有条。

A 夫妇在郊区经营一家诊所。婚后不久，他们就买了这套新建公寓，到现在已经住了二十五年。

A 夫妇两人都有工作，没有孩子，他们很喜欢这种**轻松愉快的公寓生活，门一锁带上钥匙就能出门。**

然而，住了二十五年，这套房子还是出现了许多故障和缺陷。北面墙壁的壁布受冷凝水影响，已经变黑、剥落。另外，家里的物品不断增加，收纳区已经放不下了，新书和杂志不得不堆放在地板上。最不方便的是屋内和阳台之间的高门槛，个头娇小的 A 女士每次去阳台晾晒衣物都非常不方便。

于是，A 夫妇开始找新建公寓准备换房住。他们看过的公寓都设备齐全，配有无障碍设施，住起来很舒服。但是**对于夫妇两人而言，还是房间太多，**位置也不适合。

仔细一思考，现在的这套房子其实对他们两人而言是非常合适的。上班方便，附近超市、书店、理发店、餐馆应有尽有。公寓院子里的树木在二十五年里茁壮成长，晚上回家时能治愈疲惫的心灵。这些都是新建公寓无法比拟的优势。

因此，他们下定决心，要彻底改造他们住惯了的这套旧房子。他们发现，倘若只保留房屋混凝土的骨架部分，按照自己想要的方式改造户型，并配备上必要的设施，可能比买一套新公寓更适合居住。

●二人世界大开间更方便

A女士每天既要上班又要做家务。她工作到很晚回家后，先做晚饭，再清扫房间和洗衣服，然后和丈夫一起入睡，第二天一大早又去上班，十分繁忙。在和他们多次商量之后，我们发现，这次改造最优先要解决的是"**如何提高家务效率**"的问题，这对于他们未来能长期经营诊所也很有帮助。

通常公寓的房间都由 LDK（客厅、餐厅、厨房）、独立房间和用水区三部分组成。独立房间包括卧室等，是一个封闭空间，能保护隐私。A女士的房子也一样。而且，他们家的玄关、浴室、厕所和洗漱间都用墙壁仔细分隔开。

可是，要想做家务更高效，**隔断较少的空间**最佳。A女士的时间很紧，需要一个能让她同时做 2～3 件事的房子。例如，一边准备饭菜，一边和在客厅的丈夫聊天；一边晾晒衣物，一边看电视；一边收拾饭菜，一边打扫卫生间。A夫妇表示："既然夫妻俩都已经住一起了，就不需要再担心隐私问题。"因此我们决定不对房间进行过多分割，而是建成一个类似大开间的单间公寓。换言之，我们计划**将用餐、工作、爱好、休息和就寝的空间都安置在一个 28 个榻榻米大小的房间里**。只有浴室和厕所是封闭的空间。整套房子极具开放感。

●什么样的房子方便做家务

A女士在家的绝大部分时间都在厨房，因此我们将厨房设置在房子的正中心，周围布局洗漱间、浴室、厕所、玄关和客厅餐厅。

我们选择了一个面对面的开放式厨房，方便 A 女士边做饭边聊天。开放式厨房在有孩子的家庭中比较多见，其实也能有效帮助忙碌的夫妻增加沟通。老夫老妻更是如此，沟通频率本来就不高，每一次交谈愈发重要。

房子原本装修时，在阳台、客厅、餐厅和浴室的入口处都设置了台阶，A 女士光是提着洗衣篮和吸尘器在家里走来走去，就已经累得不行。这次改造中，我们将除厕所之外的所有地方都找平了。A 女士说："这样改造之后，行动起来方便多了。"这些改进之处不仅能使家务更轻松，同时也为未来年老后的生活做足准备。

●两个收纳间——"衣物收纳间"和"家务用品收纳间"

拆除墙壁可以让房间的视野更通透，但同时也有储存空间减少的缺点。鉴于此，我们决定把常用物品和不常用物品分开，并为无须随手取用的物品建了两个收纳间，分别收纳衣物和家务用品。正因为家中没有孩子，只有两

面对面的开放式厨房，A 女士可以一边做饭一边和丈夫聊天

个人生活，才有空间构建这样一个奢侈的房型。

为了方便换好衣服后可以即刻化妆，我们将**衣物收纳间**设置在洗漱间旁边。另外，我们还在玄关的方向上开了个入口，将来如果有护工来帮忙照顾，就能在这里先准备好一切再进房间。

家务用品收纳间设置在玄关旁一个不用换鞋就能进出的空间，相当于独栋住宅中的杂物间。我们将这个收纳间的位置与厨房设计在一条直线上。为了让酒水店的人能从前门将啤酒箱直接搬到收纳间内，我们将这里设计成不用换鞋的空间。A女士对这里很中意："我再也不用自己把笨重的啤酒箱搬进去了，省了好大的事儿。"这个收纳间既有每周配送的回收式食品盒，又有旧报纸、木工工具、不用的书、别人送的礼物等。另外，我们还利用现有的进气口，建了一个蔬菜储存区。

两个收纳间的窗户上，我们都安装了木质百叶窗，既能通风，又可以阻挡来自外部走廊窥探的目光。

●宽敞舒适的玄关

玄关门口的空间已尽可能拓宽，并安装了椅子和衣架。通往隔壁衣物收纳间的门上贴了一面不易破碎的穿衣镜，更让人感觉宽敞。A先生喜欢传统日式风格，所以我们在地面斜铺了大号黑色瓷砖，隔断墙和推拉门也装上了竖栅栏。

我们只在关键地方**设置了最小限度的扶手，设计上也使之与竖栅栏融为一体**[1]而不会碍眼。即使不是老人房，也可以在手经常触碰的地方安装扶手，

1　参考第167页。

这样不仅方便，还会让墙壁不沾污渍。墙壁材料用的是硅藻土，我们特别推荐 A 女士安装扶手。

玄关以内都按大开间的标准设计，不过如果玄关与客厅之间没有隔断，就会让房间里面的情况一览无余。因此，我们决定再次用竖栅栏将玄关与屋内简单地分割开来。这么做也不会影响房间通风。

●华丽又沉稳的空间

A 女士希望能把家装修得高雅且沉稳，于是我们选用了深棕色的硬木地板，墙壁用淡粉色的硅藻土涂装，天花板的颜色与墙壁相同。

玄关安装了很多竖栅栏

固定家具、厨房套组和竖栅栏都统一选用王桦木材。厨房和餐厅的柜台则选用黑色人造大理石，与小型酒吧柜台无异。

应 A 先生的要求，我们在客厅里铺设了榻榻米，并设计了一个简化版的凹间。我们还铺设了**地暖**，久坐也无妨，晚饭后有时可以在这里打个瞌睡小憩一下。

我们还用**悬挂门**将客厅餐厅与卧室隔开，方便夫妻二人其中一人先入睡。这样，即便是大开间，其中一人也可以放心熬夜，不用担心吵到另一个人。

A 女士发表感想时说："冬天我也会把房间内的拉门几乎都拉开。不需要总是开门关门，生活轻松了很多。"整个房间都铺设了地暖，一个在冬天也开放感十足、宽敞明亮的家就此诞生了。（加部）

悬挂门可以将客厅餐厅与卧室隔开

地暖：适合老年人

优点与缺点

老年人住宅最好每个房间都铺上地暖。这样，即使在寒冷的冬季也能在家中自在活动，对身体健康也有好处。

优点	缺点
● 室内每个角落都很暖和。 ● 热源不在室内，很安全。 ● 不搅扰室内空气，因此不会卷起尘埃。 ● 无噪声。	● 安装费贵。 ● 启动耗时长。 ● 可能因为部分产品性能和使用方法不当引发低温烫伤。

三种热源

	范围	初期费用	运营费用	费事程度
电（暖气片）	局部		↑ 高	
燃气（温水）	广域	↓ 高		↓ 更费事
煤油（温水）	广域			

各种供暖设备

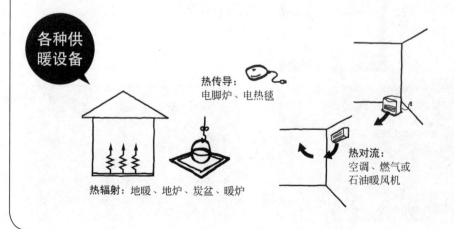

热传导：
电脚炉、电热毯

热对流：
空调、燃气或
石油暖风机

热辐射：地暖、地炉、炭盆、暖炉

丁克家庭的住房，
紧凑但实用

改造前

卧室

玄关

西式房间
（用于储物）

洗·脱

浴室

起居室餐厅厨房

阳台

客房

0 1 2m

储物间

玄关

餐具、干货等
的储物柜

桌子

洗·脱

厨房

冷

起居室
餐厅

阳台

洗

—— 带抽屉的长凳

卧室

N

改造后

0 1 2m

适合老年人　公寓楼房

数据

家庭结构

N 女士
（40 多岁）

丈夫
（50 多岁）

地点：日本神奈川县
房龄：20 年
结构：5 层钢筋混凝土楼房的 4 楼

要点

- 丈夫的病让 N 女士一家决定将房子的作用从晚上睡觉转变为愉快生活。
- 有效利用窄小的空间，让客厅餐厅和厨房更加宽敞舒适。
- 用一些小巧思减轻身体负担，让日常生活更加轻松愉快。

●房子只用于晚上睡觉

或许因为没有孩子，N夫妇看起来都很年轻。他们好似忘记了自己的年龄一样，全身心投入到工作中。他们交际很广，几乎要到深夜才回家睡觉，因此也不太打理整个房子。

然而，丈夫的病让N女士开始重新审视自己的家。这套公寓房龄已有二十年，污渍遍地，N女士甚至担心是否还能继续住下去。于是，她来找我们寻求建议，希望我们能帮她改造住宅，让夫妻两人可以继续在这里一起健康生活。

●不会邀请客人来家里

N女士也考虑过换新家，但现在的房子周围绿树成荫，视野很好，N女士很满意。

不过，这套房子是南北向狭长的户型，只有一个房间能获得阳光直接照射，部分区域被迫从北侧采光。

南侧的和室采光和视野都最好，但必须将其大敞开，好让光线进入客厅，因此一直没有将它作为独立房间使用，平时也基本不用这个房间。

北侧4.5个榻榻米大小的和室是夫妻俩的卧室。两人都要工作，所以早上忙得不可开交——甚至连叠被褥的时间都没有。这个房间在角落，不叠被褥也无所谓，因此他们选择用这个房间做卧室。

星期天晒被褥时，他们要将被子从这里搬到南侧的客房。另外，或许是卧室很冷的缘故，如果冬天患感冒，就很难治愈。

另一个房间原本是书房，但现在变成了储物间。

餐厅、厨房和客厅合在一起,准备餐食的过程一览无余,让人很不自在。这样的氛围根本不适合邀请朋友来做客。就算在节假日,他们也无法在家中悠闲地享受一杯茶。另外,用水区域也很小,N夫妇希望拓宽些。

●让房子成为乐享生活的所在

对房子不在意时,很多问题睁一只眼闭一只眼就过去了。一旦仔细检查,N女士才发现自己对很多地方都不满意。

距离退休还有一段时间,N女士想以此为契机,改变生活方式。换言之,**不再像以前那样一味地为工作奔忙,而是把健康放在第一位,享受生活**。为此她决定改造房子,开始为退休后的生活做准备。

没有人知道十年或二十年后会发生什么,但可以肯定的是,人的身体会随着年龄增长而衰老。所以有必要**在还有充沛的体力和精力的时候,在还能贷款、还贷的时候**,为退休后的生活做好准备。

N女士曾这么表达她的愿望:"我希望能在一个阳光充足的房间里,放松地喝茶、听音乐、看报纸。"我们提出一个改造方案,希望能实现她的愿望。

●客厅餐厅厨房虽窄,但也能舒适度过

从房屋的平面设计图上,我们可以看出,客厅没有窗户,接触不到外面的空气,只能与客房打通,让南侧的风和阳光进入。N女士家很少接待来客,没必要保留客房。所以我们建议N女士一家应该更注重自己的日常生活,最好把卧室移到南边。

原来的设计从外面就能将厨房一览无余。现在我们把它改造成一个开放

式厨房，虽然空间不大，只有 1 坪左右，但是不仅有木匠特别定做的橱柜台、洗碗池、煤气炉和 N 女士期待的洗碗机也都一应俱全。

抽屉、柜子和吊柜也是找木匠和建材商定做的。改造之后，厨房内所有的必需品都能整齐地存放起来。

另外，我们还在洗碗池前加了一个 20 厘米左右的隔板，可以**遮挡手里正在做的事情**。这样即使早上整理房间到一半也可以去工作，不用担心杂乱无章。这些小事对减轻压力很有裨益。

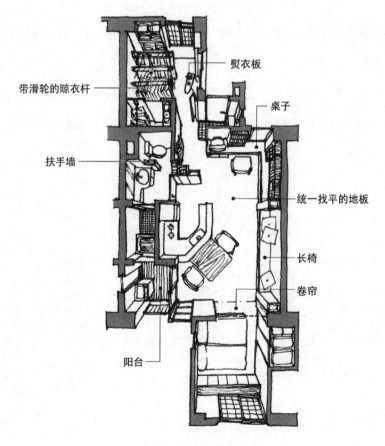

带滑轮的晾衣杆

扶手墙

阳台

熨衣板

桌子

统一找平的地板

长椅

卷帘

客房打通以后

我们还在连接用水区的通道上装上了一些柜架，可用来存放碗盘、干货等物品，算是对厨房收纳空间的一种补充。这些储物柜架还有遮挡作用，可以避免从玄关入口就将厨房一览无余。

我们在客厅里放了一张 120 厘米宽、**桌角圆润的原木饭桌和两把带扶手的矮椅子**。这样，N 夫妇周日就能拥有在自己中意的小餐厅里享用早午餐的舒适心情了。

●让居住更舒适

以前很多房子在建造时，"无障碍"一词还没有深入人心，所以很多榻榻米房间都建得比地面高约 3 厘米。

N 女士的家也不例外。在被我们改造为卧室前，客房（和室）与客厅之间有高差，我们将这段高差找平。为了方便清扫，还将地面更换成木地板。

洁净又和谐的客厅、餐厅和厨房

将榻榻米和地毯更换成木地板后，噪声很容易传到楼下而引发邻里矛盾。所以这次我们找平地面时，使用了**带有橡胶皮的地板**，用来**隔音**[1]。

这种地板不仅用于客厅和卧室，从玄关到储物间、用水区等地方也都如此。地板材料统一后，清洁也会更容易。

我们用**滴水板将阳台垫高**[2]，这样客厅的地板就能延伸到室外。这不仅可以让空间显得更宽敞，还能消除进出阳台晒衣服时被绊倒的潜在风险。

频繁从储物柜里收放被褥让 N 女士疲惫不堪，因此我们决定在新卧室里放一张床。N 女士累了想躺一会儿的时候，这张床可以像沙发一样派上用场。

因为 N 女士不在卧室里换衣服，所以卧室内没有衣物收纳处，可以一直保持整洁。此外，套上被罩后，床上也不会看起来杂乱无章。但是我们还是**在客厅和卧室之间安装了一张卷帘**，万一有什么需要也可以起遮挡的作用。不过 N 夫妇好像很少用这张卷帘。一旦习惯了住在一个宽敞的房子里，就不会再想特意去隔断它了。

●在多个角落布局收纳区

这套公寓是混凝土**刚架结构**[3]，梁柱粗壮且向外突出，很碍事。为了解决这一问题，我们想办法安装了固定的收纳空间和椅子来围住柱子。

依据"使用处与收纳处同步"的原则，我们在书房的角落里做了一些带抽屉的桌台，用来存放文具和文件，还配置了一个悬挂式的书架。

1　隔音措施，参考第 30 页。
2　在阳台铺设滴水板，参考第 104 页。
3　梁柱的接合处使用"刚接"方式，不易变形。如钢筋混凝土结构等。

我们根据墙壁厚度的不同，将这些桌台建成大小不同的样子。宽度较大的区域可以放置电脑，写到一半的纸质材料也可以摊在桌上。如果不着急收好，就可以一直摊在桌上，什么时候想写了再继续写，非常方便。

受高级公寓整体条件的限制，浴室和厕所的布局无法改变。但为了使这些区域尽可能更宽敞，我们还是想办法做了些改动。

首先，原先的**独立式的浴缸被我们换成贴壁式**的，这样更宽敞些。其次，我们拆除了洗漱间和厕所之间的墙，让整个空间尽可能开放。另外，我们还在厕所里设计了一处"**扶手墙**"，用来存放卫生纸等物品。

洗漱间内，洗漱台的边缘被我们设计为**流线型**，防止身体磕碰。洗漱台内嵌入了洗脸池，下方设置储物空间，上方另设计一个小型储物空间和镜子。所有在洗漱台使用的东西，例如毛巾、内衣、肥皂、化妆品等都可以收纳在这里。

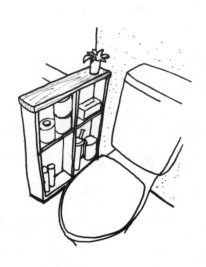

厕所里的"扶手墙"

●留出自由使用的空间

北侧原先用作卧室的房间被改造成储藏室，兼作更衣室。外出时，在这里更衣后，直接走到玄关；回家时，可以在玄关或者径直走到这间房里换衣服，再进入屋内。除了将日式壁柜改为西式衣柜之外，没再多做改动。

我们向 N 女士建议，与其建许多储物柜和门，还不如按需支几根晾衣杆更方便。

这个房间还可以用来临时存放洗好的衣服、熨烫衣物。所有穿在身上的东西都可以存放在这里，搭配起来也更容易，还省去了找东西的时间。

既然晚年生活无法预测，不如先别提前决定一切，**保留一个自由可变的空间**。未来如果家庭结构发生变化，也可以将这里用作独立房间。年老之后，或许主人也会需要一个房间来满足兴趣爱好。（今井）

用收纳柜和椅子来解决梁柱外凸的问题

消除室内高差：方式多种多样

虽然地面的起伏习惯称为"高差"，但其实可以分为很多种类。下面将"高差"的分类和解决方法用简图表示，敬请参考。

步行时高差在脚趾的1/3以上，用轮椅时高差在3毫米以上即可视为"高差"，需要想办法处理

玄关等地

和室、楼梯等地

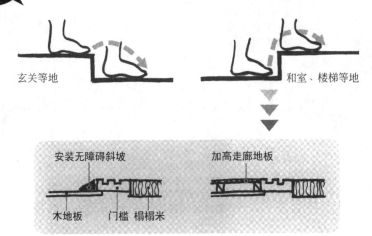

安装无障碍斜坡　　　加高走廊地板

木地板　门槛　榻榻米

门槛式
高差

厕所、门槛等处

浴室、落地窗等处

厕所里，为了不让拖鞋绊住，
通常会抬升一些高度

▼

拆除

补上门窗
的长度

拆除多余的抬升部分，补全
门窗的下半截；或者为了通
气或换气需要，保留缝隙

改为两段式阶梯

改为三段式阶梯

找平

生病了也要一起生活，改造房子让照顾妻子更方便

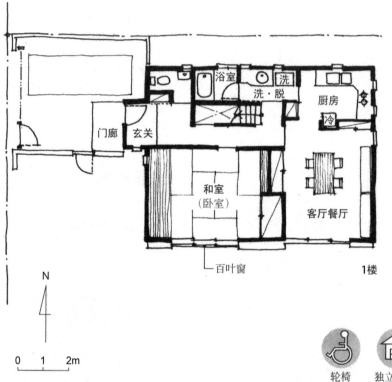

改造前

和室
(卧室)

门廊　玄关

浴室

洗·脱

洗

厨房
冷

客厅餐厅

百叶窗

1楼

N

0　1　2m

轮椅
无障碍

独立住宅

适合病人
或残疾人

适合老年人

要点

- 70多岁的丁克老夫妇自己居住。
- M婆婆罹患帕金森病，M爷爷希望改造房子，方便照顾妻子。
- 尽量让M婆婆能自主打理生活起居，享受复健的乐趣。
- 未来可能使用轮椅，需考虑在内。

改造后

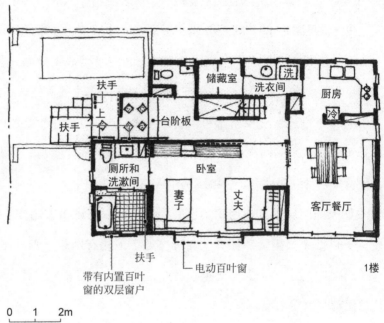

扶手

扶手

上

台阶板

储藏室

洗衣间

洗

厨房

冷

厕所和
洗漱间

卧室

妻子

丈夫

客厅餐厅

扶手

带有内置百叶
窗的双层窗户

电动百叶窗

1楼

0　1　2m

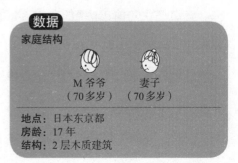

数据

家庭结构

M 爷爷
（70多岁）

妻子
（70多岁）

地点：日本东京都
房龄：17 年
结构：2 层木质建筑

●生病了也要一起生活

M夫妇两人都是70多岁，或许是没有孩子的缘故，两个人一直互相扶持，生活其乐融融。旁人看了都忍不住心生艳羡。

M爷爷听力不太好，除此之外精力和体力都很充沛，健康状况非常好。而妻子10多年前被诊断出患有帕金森病，多次住院治疗。M爷爷来咨询改造房子时，妻子也正在住院。M婆婆非常想回家，M爷爷也想带她回家，因为他担心如果让妻子留在医院，只能一直躺在床上，即使想下地做一些日常的康复运动也不行。最重要的是，住院或许会让她失去求生的欲望。

家中大部分的家务M爷爷都可以自己完成，这在他这个年龄段的人中很少见。护工每周只来一两次，帮他做饭和洗衣服。M先生觉得，只要有护工帮忙，他就可以继续照顾妻子，继续两个人相濡以沫的生活。

M夫妇家的两层独栋住房房龄已有十七年。以前还被兼用作工作场所，所以空间上供两个人生活绰绰有余。M婆婆上下楼有困难，所以住在1楼。如果M爷爷在2楼，两个人都会担心对方。因此，M婆婆出院后，两人**所有的生活起居都集中在1楼**。

●让对方一直在自己视线内

M婆婆住院前，1楼的和室客房被用作卧室。但是，如果要从这个房间到客厅，必须先绕到走廊上。而当M婆婆在卧室休息时，M爷爷就算在只有一墙之隔的客厅，也无法看到卧室里的情况。再加上M爷爷有些耳背，看不到妻子更让他不安。

因此，我们决定将原先的和室改造成西式房间，并将其与客厅相连。预计夫妇两人大部分时间都将在卧室里度过，于是我们将百叶窗改为**电动样式**，这样开合会很轻松。另外我们还在卧室里安装了**地暖**[1]，确保房间内温暖舒适，同时还在墙壁上新建了固定储物架（详见第 84 页图）。

储物架中段设计了一个**兼具扶手功能的桌台**[2]，下段设计成抽屉和储物区，上段设计为吊柜，所有日常用品都可以存放在储物架里。电视放置在桌台上，这样老两口就可以躺在床上观看节目。

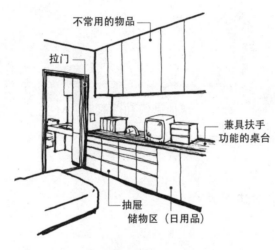

不常用的物品

拉门

兼具扶手
功能的桌台

抽屉
储物区（日用品）

卧室墙壁的收纳空间

目前 M 婆婆在家中主要依靠扶墙挪步来移动，但未来**很有可能使用轮椅**，所以需要提前采取相应措施。从卧室进出走廊时，如果走廊太窄，轮椅就可能无法转弯。因此我们将出入口设计成一个大的滑动门，这样转动轮椅就很方便。

卧室和客厅之间可以直来直往，所以**只用半间房宽的拉门就足够**[3]了。拉

1　参考第 69 页。

2　参考第 167 页。

3　参考第 185 页。

门大部分时间都是敞开的，将来两人分处卧室和客厅也无须担心。门上安装了透明玻璃窗，即使关上拉门，夫妇两人也能感受到彼此的存在。

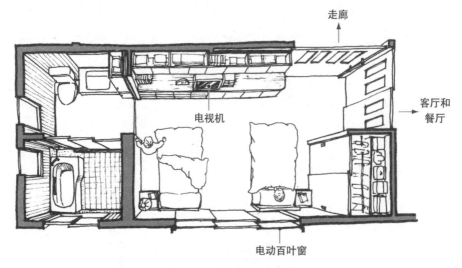

走廊

电视机

客厅和
餐厅

电动百叶窗

出入口设计方便轮椅通行

●一边享受泡澡一边复健

浴室在房子北面，又小又冷，M 爷爷希望能改造一下。

泡澡是一天中短暂的愉悦时光，也是最好的复健时间，但同时也可能伴随危险。进出浴缸时，可能身体重心不稳，身体泡进温水浴缸之前可能感到寒冷……为了消除这些不安的情绪，需要尽可能将房子装修得更安全。

预算和空间都还足够，所以我们决定在卧室旁边增建一些用水设施。

我们在南侧安装了一扇大窗户，这样夫妇两人就能一边沐浴阳光、欣赏庭院美景，一边悠然自得地享受难得的泡澡时光了。我们选择了**带有内置百叶窗的双层窗户**，这样可以防止室内过冷。另外还在**浴室铺设了软木砖**，使入浴时脚底的冰凉有所缓解。

墙壁用的是**日本花柏的板材**[1]，既能保证在身体蹅跄触及墙壁时不会感到寒冷，又预留出空间，将来可以根据身体健康情况选择在墙上任意地方安装扶手。

　　M 婆婆体型娇小，为了安全，我们选择了一款**内壁带扶手的浴缸**[2]。这款**浴缸的边缘也很宽**，在进出浴缸时，人可以坐在上面。需要帮助时，护理人员不仅可以在侧面提供协助，还可以**绕到后面**辅助入浴者进出。

　　更衣室与浴室之间没有台阶，入口有**三扇拉门**，宽度足以让轮椅进入浴室。

　　装修时没有选用整体浴室，所以每一件设备的选用都充分考虑到对于 M 婆婆是否安全方便，以及设计是否符合她的品位和喜好。希望 M 婆婆能够在浴室内享受到复健的乐趣。

安全舒适的浴室

1　浴室用软木地砖、日本花柏板材，参考第 21 页。
2　浴缸内也有扶手，边缘很宽。参考第 21 页。

●能自己去厕所让人欣喜

经常听到有人说:"在医院时我可以自己上厕所、去洗漱,离开医院回家后反而做不到了。"这不是人的问题,而是房子的问题。房子没有根据房主的身体能力做出改变,这才导致房主无法再做以前能做的事情了。

相反,有些在医院做不了的事,患者回家之后又能做了。住院时,很多事情费时费力,医生不让患者做。但到了家里,患者就可以按自己的节奏,不紧不慢地做。能做自己力所能及的事,这种快乐只有失去过才能真正体会。我们希望通过这次改造,为 M 夫妻的生活增添更多快乐。

要去玄关旁边的厕所,必须先从卧室出来、到走廊上。不仅距离远,还会冷,因此我们决定在浴室旁边的洗漱更衣间里装一个马桶。卧室里摆了两张床,靠浴室一侧的是为 M 婆婆准备的,这样她起夜时只需走几步就能上厕所。(见第 83 页图)

住院时,M 婆婆的床边放了一个便携式马桶,回到家后她便不再需要了。能够自己上厕所,也让 M 婆婆更积极地活动自己的身体。

浴室和洗漱间之间由两扇拉门隔开。门敞开时,两个房间之间没有温度差,轮椅也能进出。我们还在洗漱间装了一个**吊顶式暖气**。这种暖气通常安装在浴室,由于 M 夫妻经常在夜间使用洗漱间,所以选择安装在这里。至于浴室,则在进入之前与洗漱间一起加热。关于洗漱台的高度和水龙头,我们也是让 M 夫妻实际尝试了使用方式之后再决定的。当然,轮椅的问题也考虑在内。

虽然新装了一套卫浴设施,但原有的用水区依然保留了下来。原来位于北侧的那间阴冷的旧浴室,现在被用作蔬果储存室,洗漱更衣室可以用作洗衣区，洗漱池则可以用作洗衣时的预洗池，护工对此赞不绝口。

●让外出更方便

外出是家庭疗养必须面对的一大问题。每个月不可避免地总需要去医院那么几趟，很麻烦。当然，抱怨"去医院很麻烦"这件事本身就很奇怪。

日本住宅的特点之一是地板比地面高出 50 厘米以上。这是由高湿度的自然环境和脱鞋的习俗造成的。因为存在这样的高差，一旦腿脚不灵便或出现疼痛，进出家门便成为一大难题。只要这种社会习惯一直存在，那么日本的住宅就不可能像外国住宅和公共设施那样，坐着轮椅就能进屋。

M 爷爷家的房子也一样。虽然家门外地面和道路几乎持平，但建筑物的地板还是抬升了 60 厘米高。大门也是向内开的，散步时如果把轮椅放在门口，就只够一人站立，M 爷爷很难帮助 M 婆婆穿脱鞋子。

帕金森病的症状特点是腿脚发软、步伐迟缓、不易改变方向、容易摔倒。房屋内如果有高差，最好修建**坡度平缓的楼梯**，不要建缓坡。因为患者在缓坡上很难停步，容易发生危险。假如有可以搭把手的扶手或家具，走起路来会更稳定。

我们将玄关拓宽了半个榻榻米左右，瓷砖高度也提升了 6 厘米，还安装了**台阶板**，减小高差。另外，扶手也尽可能连续，从走廊经过玄关，一直安装到门廊。

我们将大门换成**斜拉门**，还调低了门廊与大门之间的高差。其实就是在门廊与道路之间装了一个**坡度较缓的楼梯** [1]。虽然台阶的数量增加了，但坡度

1　坡度较缓的楼梯，参考第 89 页。

更缓，且增加了扶手，所以用起来其实比以前更容易。

考虑到 M 婆婆刚从车上下来、需要站起来时容易身体不稳，我们在**门廊前部加装了扶手**，方便 M 婆婆抓握。受预算限制，门廊和玄关的地面无法铺设瓷砖，但保留砂浆地面又会太无趣。正好我们手头有五块 30 厘米见方的防滑石材，成功铺设之后，一个漂亮的泥土间诞生了。

有人说："无障碍改造重点在支持轮椅使用上，侧重房子的功能性，对其他家庭成员而言没太大意义。"可是，在改造时如果注重身心的休闲和愉悦，所有家庭成员都会受到鼓舞，心情也会乐观开朗。不是吗？（今井）

对帕金森患者而言，
平缓的台阶比缓坡更适合

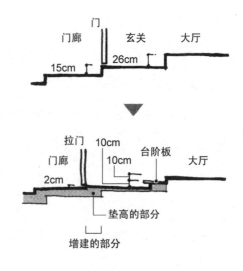

玄关高差的消除方法

坡度平缓的安全楼梯：有了这个就放心了

如果把楼梯的坡度建得平缓些，即使上了年纪也可以上下楼，继续在 2 楼生活。另外，扶手不能只安装一半，一直连续很重要。

优点 不占地方。

缺点 一旦踩空则很危险。

方案 设置平台，坡度放缓。

优点 不占地方。

缺点 踩踏面的面积有变化易发生危险。

方案 转角设置在楼梯下部。

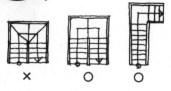

优点 踩踏面的面积固定，很安全。即使踩空也不会摔到楼底。中途可以休息。

缺点 占地方。安装楼梯升降机更贵。连续安装扶手造价也比较高。

一个要点

调节室外高差并不一定需要建设缓坡。如果使用拐杖或轮椅，有时坡度平缓的台阶反而可能移动起来更轻松。距离也相对更短。

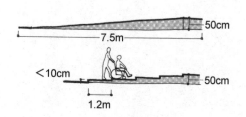

购置老年公寓并改造，老两口坚持生活自理

改造前

N

储物间

洗·脱

浴室

洗

迷你厨房

客厅餐厅

阳台

玄关

和室

0　1　2m

彩绘玻璃

改造后

洗

浴室

脱

洗

储物间

服务桌台

简餐

冷

客厅餐厅

Y婆婆的区域

迷你厨房

阳台

玄关

卧室（床）

和室

榻榻米区

Y爷爷的区域

0　1　2m

适合老年人　公寓

数据

Y爷爷
（70多岁）

老伴
（70多岁）

地点：日本神奈川县
房龄：6年
结构：5层钢筋混凝土楼房的2楼

要点

- 将老年公寓的房间改造成适合自己居住的样子。
- 增设孙辈短期居住的空间。
- 让住宅设计防止大脑退化须遵循三大原则：
  ① 户型设计时注重视野通透
  ② 让收纳和分类整理更容易
  ③ 室内恒温

090

●入住老年公寓

Y夫妇一直住在自家的独栋别墅里，退休后，两人继续在老房子里享受二人世界。他们的健康状况都很好，朋友也多，两个人都有自己的爱好。Y爷爷喜欢慢跑，Y婆婆喜欢游泳。不过他们已经开始考虑，将来身体每况愈下后该如何生活。

他们希望**退休之后不接受子女的照顾，独立自主地过日子**。刚好就在此时，他们发现附近新修了一家老年公寓，于是果断决定搬家。

●按需改造

老年公寓有两种类型：出租型和出售型。Y夫妇购置的这套老年公寓属于**出售型**，建在一个树木环绕的僻静之处，**配置了医院**。

公共区域非常丰富多样，有宽敞的大厅，咖啡茶歇区，带壁炉、钢琴和台球桌的休息室，食堂和大澡堂，甚至还有茶室和围棋室。

也正因如此，每家住户的个人空间都设计得非常简单，只有卧室（和室）和客厅。用水区则装了整体卫浴设施，另配置一个迷你厨房。

用餐通常在公共食堂，三餐的饮食都经过统一的营养管理，因此自家的迷你厨房很小，只能做简餐。公寓的管理公司对住户的健康很上心，Y先生很放心，Y婆婆也很高兴自己不用做饭。

然而不巧的是，Y夫妇原本想借搬家的机会告别在和室铺被褥的生活，**改睡床**，但这套房子卧室的设计偏巧还是和室样式。另外，这里也没有房间**供孙辈来玩时暂住**。

于是他们选择了改造。看过房子的情况后，我们决定只保留用水区和玄关，剩余部分则进行彻底翻修。也就是说，只保留了地板、天花板和墙壁的混凝土部分，其余都拆除。

●能防止大脑退化的住宅

随着年龄增长，人的忘性会越来越大，这是自然规律。但理想的状态是，尽可能阻止记忆力减退，充分利用一辈子积累而来的知识和经验，过上活力满满的生活。

要做到这一点，就需要为自己的房子注入能活跃大脑的元素。我们尝试了以下三项措施，希望能在空间营造上多下功夫，帮助减缓衰老。

①设计户型时注重视野通透

在设计时，我们没有细分空间，而是将整个房子建成一个**视野通透的大开间**，再在各个角落设置功能区。具体而言，我们在一个互通的空间里设置了用于放松、写作、睡觉和客房的多个功能区。

这样一来，夫妻俩总能感觉到对方的存在，而且视线中总是充满各种元素，对刺激大脑很有帮助。

卧室的纸拉门敞开后就是一个宽敞的大开间

不过，大开间的缺点是各种功能都挤在一起，整个房子容易变得杂乱无章。

于是我们想到一个办法，就是**在房间中再套一个房间，用作卧室**。我们放弃了分割成两个房间的方案，选择在大开间的一角安装**纸拉门**，这样可以随时将内侧的空间遮挡起来。纸拉门不会让人以为整个空间是完全遮住的，也很容易打开和关闭。

防止杂乱的第二个方法是大量使用**桌台**。每个桌台都是一个"生活小基地"，我们用桌台分割出简餐服务区、爷爷的书房区、婆婆的家务区。

为了满足老两口想有一个空间给两个孙辈短住的愿望，我们增设了一处**3个榻榻米大小的区域**。这里的床上用品存放在简餐服务区桌台的下面。另外，我们还用纸拉门隔出一个**简单的凹间**，可以摆放当季的鲜花和女儿节人偶，给整个空间增添几分日式风情。

在装修时，如果仅仅将各个空间按功能分隔开来，会缺少生活情趣，这尤其不适合长时间居家的老人。哪怕再小，也要创造一处有游乐性质的空间，这很重要。

通常改造公寓时，大部分的隔断墙都可以拆除。但是，Y 爷爷房子的储藏室和用水区的墙壁是混凝土浇筑的，无法拆除，只能维持原样。

储藏室和用水区在房子内侧，我们在入口处安装了一个半透明的卷帘，可根据需要将其遮挡。

打开家务区桌台的上部，整个区域瞬间就能变身成化妆区

② 让收纳和分类整理更容易

收纳的原则是：使用处即存放处。如果存放东西的地方离使用区很远，取放会很**麻烦**。到后来不管是熨烫，还是缝纫，抑或是写作，都在不知不觉间就放弃不做了。例如在寒冷的天气里你想披一件羊毛衫，但嫌拿出来太麻烦，最终还是忍住了，结果**导致身体抱恙**。

另外，收纳用的橱柜容积不宜过深，最好一眼就能看透。这样能很方便地记住什么东西放在哪里。

如果每个区域附近都有储物柜，且一目了然，那么你就能随时了解各个东西放在哪里，收纳死角也将不复存在。

在家务区缝纫的 Y 婆婆和
在一旁休憩的 Y 爷爷

③ 室内恒温

冬季天气寒冷，如果**整个房子都铺设了地暖**[1]，室内就没有温差，人的身体承受的负担也将减小。更重要的是，这样一来，室内移动将**不再辛苦**，也不用整个冬天都蜷缩在被炉[2]里。

因为担心会增加成本，Y 爷爷对安装地暖犹豫不决。我们向他解释了这些好处后，他便决定安装。我们在地暖之上铺设了触感良好的地毯，老两口对此赞许有加。现在即便天气很

---

1 整个房子都铺设了地暖，参考第 69 页。
2 被炉，又名暖桌，是日本传统的取暖用具（编辑注）。

冷，他们也能下地活动身体。

夏季，老年人通常不太喜欢用冷气防暑降温。但 Y 婆婆生性怕热，卧室又没有窗户，所以我们决定在卧室的天花板上安装一台内置空调。

装修公寓时，一般很难在正中间远离窗户的地方安装空调。因为公寓住房一般都有横梁，很难走管道。幸运的是，Y 爷爷家的房子没有大梁，这才能够满足他们的愿望。

●将有纪念意义的彩绘玻璃装在玄关

搬家后，整个屋子彻底改头换面总让人觉得心里没着落。因此，我们把原来房子里的壁橱和 Y 婆婆老家的彩绘玻璃拿到新家再利用一番。

我们在玄关的正对面设计了一个小壁龛，配有彩绘玻璃，内部还装上了灯泡，可用作间接照明。原本既没有窗户又没有表情的墙，成为一个**独具特色的玄关**。

我们用分区的方式满足了老两口各自的诉求，就算不分隔成多个房间，老两口也可以各自舒适愉悦地生活。

Y 爷爷的家后来成为我设计老年人住宅的基本模型。每次我介绍这个案例，都能得到很多客户的认同。

现在，Y 夫妇已经适应了新环境。爷爷每天早上在树荫下慢跑，婆婆则经常去上游泳课。他们曾笑着说："搬进新家后，孙辈都很乐意来住上两天。"他们说这话时灿烂的笑容让人印象深刻。（加部）

**为玄关装上有纪念
意义的彩绘玻璃**

储物类家具：任何人用起来都很方便

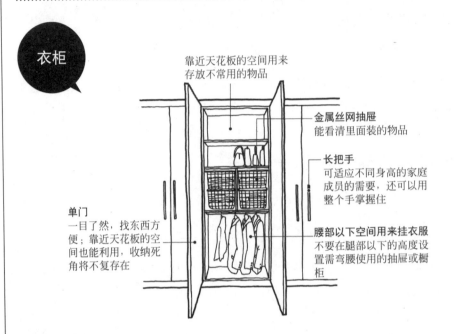

衣柜

靠近天花板的空间用来存放不常用的物品

金属丝网抽屉
能看清里面装的物品

长把手
可适应不同身高的家庭成员的需要，还可以用整个手掌握住

单门
一目了然，找东西方便；靠近天花板的空间也能利用，收纳死角将不复存在

腰部以下空间用来挂衣服
不要在腿部以下的高度设置需弯腰使用的抽屉或橱柜

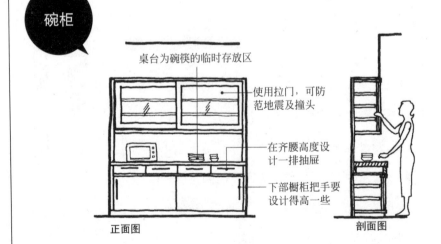

碗柜

桌台为碗筷的临时存放区

使用拉门，可防范地震及撞头

在齐腰高度设计一排抽屉

下部橱柜把手要设计得高一些

正面图

剖面图

第 **4** 章

女性独居：
我行我素

独居可以按自己的节奏生活，也可以按自己的需求改造房子，应该会很愉快。但同时也可能会有烦恼，有时或许会感到孤单，对未来可能也会有担心。有些烦恼可以通过改造房子解决，最好尽早尝试。

本章将介绍一些案例，说明如何让起居更舒适，让接受护理更容易。

睡在客厅的沙发上:"简单生活"

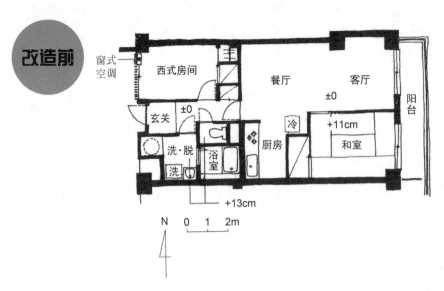

改造前

窗式空调
西式房间
餐厅
客厅
±0
阳台
玄关
±0
冷
+11cm
和室
洗·脱
浴室
洗
厨房
+13cm

N
0 1 2m

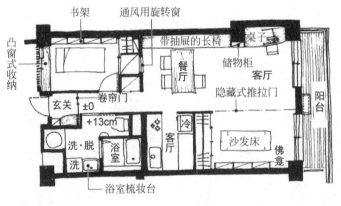

书架
通风用旋转窗
带抽屉的长椅
桌子
改造后

凸窗式收纳
餐厅
储物柜
客厅
隐藏式推拉门
阳台

玄关 ±0
卷帘门
+13cm
冷
洗·脱
浴室
客厅
沙发床
佛龛
洗
浴室梳妆台

0 1 2m

 适合老年人　 公寓

数据

家庭结构

A女士
（50多岁）

地点:日本东京都
房龄:20年
结构:10层钢筋混凝土楼房的9楼

要点

- 丈夫去世,自己一个人生活。购置公寓,希望改造成适合自己住的样子。
- 一个人住,所以户型上不做细分,居住上追求宽敞简单。

●孑然一身后开始考虑搬家

丈夫因病去世后，A女士开始独自生活。为了老年生活着想，她决定搬到东京中心城区养老。

她想住在离老家和工作地点近、步行可达地铁站的地方，周围最好有医院、政府办事处和超市，这样即使独居也没问题。

A女士的母亲和哥哥一家人一起住在老家。A女士如果住在老家附近，当母亲需要人照顾时，或者自己突然身体不适时，亲戚间可以互相帮助；如果住在工作地点附近，时间和精力都更充裕，还可以邀请朋友过来玩，生活更有滋有味。

A女士没买新房，选择了一套房龄二十年、位于10层高公寓9楼的二手房。为了独居生活更舒适，A女士选择对其改造。

●打造一套宽敞通风的住宅

这套房子原本是两室一厅带厨房和餐厅，独居显然不需要那么多房间。就算房间再多，只要没人住，空气就都会变得混浊。A女士想减少房间的数量，有效利用全部空间，宽敞自在地生活。

于是，我们决定拆除和室的隔板和客厅门，连同走廊一起将三个区域合并成一个大开间。

位于公共走廊一侧的西式房间很安静，我们决定继续将它用作卧室。不过，夏天太阳从西边照进来，房间内非常热。窗户面向公共走廊，不能打开，怕被人偷看。如果想通风，只能勉强打开内门。

因此我们在卧室窗户上安装了一个**木制百叶窗**，起防窥作用。因为是木制的，所以兼有**控制湿度**的作用。窗户上还装有铁栅栏，即使无人在家，也可以稍稍开窗留点缝隙。

我们还在柜子顶部开了一扇**旋转窗**，这样，风就能一直吹到阳台上。这扇窗的特殊设计还能保证外面的人无法一眼望见内部的全貌。

●高差无法完全消除

A女士希望尽可能将地面找平。但是，这栋公寓建于二十年前，和室的地板比普通区域高出 11 厘米，用水区（厕所和浴室）则高出 15 厘米。通常，受管道铺设的限制，公寓住房的用水区地面都会被抬高。

按理来说，可以将除用水区之外的所有区域的地面高度整体提升13厘米，这样地面就能平整。但是这样一来，横梁和天花板的高度将会变低。

因此，我们决定，对于结构上难以找平的高差，尽可能将其缩小，而那些可以找平的高差则都找平。

●让用水区更安全高效

无论是从走廊进入厕所，还是从走廊进入洗漱间，都需要跨过一个 3 厘

通风性能增强后的卧室

米的台阶。早晨等时段，上上下下忙得不可开交。如果不巧让膝盖受伤，可就麻烦了。

但是物业管理公司规定，不允许住户擅自变更管道，因此我们无法变更这些设备的位置。只能在不改变设备位置的前提下，将厕所和洗漱间合并，将高差的点缩减到一个。

我们在入口处安装了一扇拉门，还预留了空间[1]，当迈台阶变得辛苦时，可以随时安装扶手。

另外，在厕所里安装了一个**小巧且兼有扶手功能的花台**，并做了一个厕纸的储存架。以前的洗漱池比较小，换成一款洗衣机、烘干机、洗漱池一体的产品后，立刻**宽敞**了许多，整体感觉也明亮干净了许多。

A女士说："现在一早一晚使用洗漱台，比以前方便多了。"看来她对这次改造非常满意。据她所说，洗漱台边还可以用来叠衣服，洗衣服也顺畅了很多，整体非常方便。

●让环境更清爽整洁

高层公寓的房间里，常常遍布着高大的混凝土梁柱，突出又显眼，让人心情憋闷。改造时辛辛苦苦将多个房间串联到一起，可这些梁柱还是会让房间看起来很不清爽整洁。

兼有扶手功能的花台

电热水器检修用门

卫浴

---

1   参考第 154 页。

有一个办法可以解决这个问题。就是在建造固定家具时，将梁柱也纳入设计范围。我们在 A 女士家这么做以后，梁柱果然变得不那么显眼了。

混凝土浇筑的建筑坚固且安全，但多少有些冷冰冰的感觉，有时候也希望房间里能增添点木材的温和感。因此，这次在挑选家具和配件时，我们都尽可能用木材质地的产品。

●家具只有桌椅套组和床

要想让空间更宽敞，需要多设计一些固定的储物空间。

这次我们就在卧室床的枕边开辟了一个**凸窗式的储物空间**。这里不仅便于存放小件物品，同时也保证床和外面的走廊之间有些距离，减轻了外面脚步声的干扰。同时还顺着梁柱凸出的方向建了一个书架，A 先生留下的所有书籍得以妥善存放。

我们在原来和室的壁面上做了一个**带抽屉的佛龛**，A 先生的牌位也放在这里。每天早晚，A 女士都会来跟丈夫倾诉衷肠。有访客到来或有其他特殊情况时，关上小门就可以将佛龛轻松隐藏。

沿着梁柱方向设计一个长凳和书桌的空间，让整个空间更清爽整洁

原先的日式壁橱拆卸掉后，更换成衣柜，背面做成厨房的收纳区。厨房的基本套组已整体更换，只有吊柜还很干净，按原样保留。备菜台下方的区域空了出来，用来放各类垃圾、盒装蔬菜等。

厨房附近放了一张大桌子，这里将是 A 女士生活的核心区。桌子周围只配了四把椅子，如果访客多，就可以使用建在旁边的**带抽屉长椅**。另外，我们还设计了一张固定电脑桌，中间隔了一排展示架，这样就几乎注意不到梁柱的存在。

有了这些固定的储物空间，家具摆件就只需要一套桌椅和床了。我提到过很多次，要想生活空间干净整洁，关键是家具要少。这样清洁工作也更容易。

另外，地震发生时，因家具受伤的案例层出不穷，家具少了自然也安心很多。A 女士看到少了一件要担心的事，开心极了。

● 有时在沙发床上睡

如前所述，我们在西式房间内放置了一张床。其实在此之外，客厅里也设置了一张沙发床，供客人使用。

客人留宿时，把水墨画般图案的卷帘放下来，很快就能在客厅内隔出一个"**睡眠角**"。如果是长时间住宿，那么西式房间也可以改为供客人使用。

A 女士随心自在，有时在卧室，有时在客厅休息，无拘无束地享受着独居生活。

● 阳台也是房间的一部分

即使住在东京城市中心的 9 层高楼上，视野也未必就很好。远眺的话，风景很不错，但近处公寓楼房林立，出于隐私保护考虑，窗户也不能一直敞开。

卷帘

沙发床

放下卷帘后，瞬间就能变成"睡眠角"

因此，我们在阳台一侧的落地窗上安装了**可上下移动的纸拉门**。当纸拉门放下时，低处杂乱的建筑物被遮住，天空和远处的景色映入眼帘。阳台的扶栏也挂上了竹帘，再摆上盆栽和绿植，这样即使将竹帘拉开，也能享受阳台上的绿意盎然。

对于住高层公寓的人而言，阳台是一个非常重要的空间。如果只用它来晒衣服就太浪费了。在地上铺一些**滴水板**，把阳台作为室内的延伸空间来用，房子就会一下子变得宽敞许多。（今井）

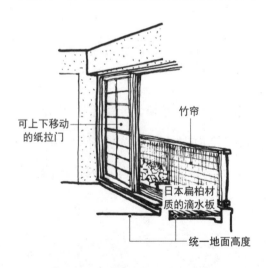

可上下移动的纸拉门

竹帘

日本扁柏材质的滴水板

统一地面高度

铺在阳台上的滴水板一直与外面的空气接触，所以不太容易磨损

玄关的隔断门：防寒防窥

许多住宅采用玄关进门后加走廊、客厅入口装门的模式。但其实隔断门设置在玄关比设置在客厅入口效果更好。这样有一个温暖的走廊，可以防寒、防窥，居住者去厕所或浴室也不再辛苦。

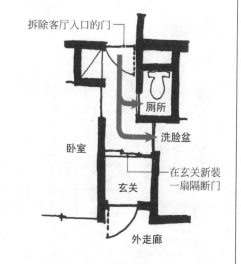

拆除客厅入口的门

厕所

洗脸盆

卧室

在玄关新装一扇隔断门

玄关

外走廊

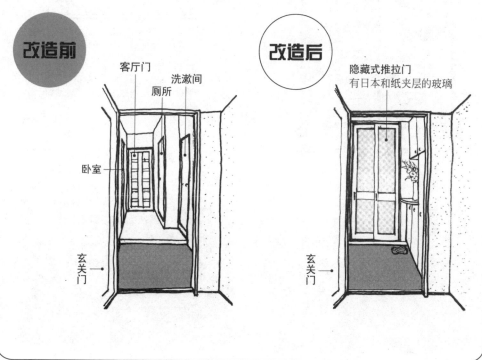

改造前

客厅门

厕所

洗漱间

卧室

玄关门

改造后

隐藏式推拉门
有日本和纸夹层的玻璃

玄关门

被自己喜欢的东西包围，在精心设计的和室内认真生活

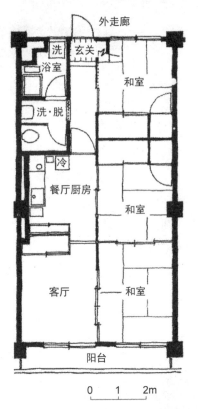

改造前

外走廊

洗 玄关
浴室

洗·脱

冷

餐厅厨房

和室

和室

客厅

和室

阳台

0　1　2m

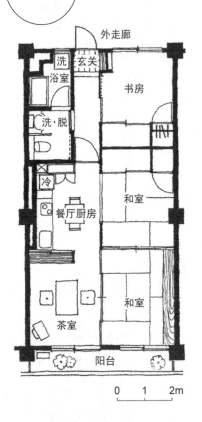

改造后

外走廊

洗 玄关
浴室

洗·脱

冷

餐厅厨房

书房

和室

茶室

和室

阳台

0　1　2m

N

 适合老年人　 公寓楼房

 低预算
（约570万日元，全室改
造，机器设备全换新）

数据

家庭结构

N女士
（50多岁）

地点：日本东京都
房龄：35年
结构：7层钢筋混凝土楼房的7楼

要点

- 已在现有公寓房内居住多年，为
  了老后也能继续安心居住而选择
  改造。
- 不坚持理性主义优先原则，而是
  利用和室的好处认真生活。

西式住房主要由床和椅子构成，注重生活的便捷性，是当代日本住房的主流。但也因此，住房面积狭小成为每个日本家庭必须面对的一大问题。

众所周知，日本传统住房主要依靠纸拉门和屏风分隔房间，可以根据具体需要，分隔或连接各个房间，使用方式很灵活。纸拉门和屏风都敞开的话，人可以躺在宽敞的榻榻米上自由翻滚。再装饰上主人中意的绘画或插花来点缀，一个庄重整洁的客厅便诞生了。

和室有西式房间没有的好处，为了能在日常生活中更好地利用和室灵活多变的功能，认真细致的生活方式和适当的收纳规划必不可少。

N女士已经在和室中舒适地生活了很多年。未来她依然**打算继续在和室里生活**下去。榻榻米的触感、坐下来时的低视线，以及所有纸拉门都敞开时房间的宽敞度，都让她爱不释手。

●维护为主

N女士是一名职业女性，在一家贸易公司工作。她独自居住在郊区一个车站附近，房子位于一栋房龄三十五年的7层公寓楼的顶层。周围绿化很好，工作地点就在住处附近，地理位置优越，她打算一直在那里生活下去。当我们问她关于改造有哪些要求时，她密密麻麻地写了八张A4纸的内容。概括起来主要有以下几点：

① 修复老化破损的部分。

② 家具和收纳设备要考虑防震。

③ 避免使用会导致"病住宅症候群"的建筑材料。

④ 消除地面高差，上年纪了也能自在居住。

⑤ 保证能在任何需要的时候安装扶手。

⑥ 亲戚来访时，能自在地短居。

后来，我们又收到两次她发的电子邮件，她按照优先级重新整理了自己的需求。我们感觉 N 女士十分热爱自己一直以来的生活模式，并且对于改造房子有着势在必行的决心。

●像木制住宅一样的房子

第一次见面六个月后，我们开始商讨具体装修计划。现有户型为三室一厅带餐厅厨房，进门左手边是 3 间和室，右手边是用水区和客厅餐厅厨房。

所有房间的墙壁都是沙灰墙，木柱也清晰可见，这就是"**明柱墙装修法**"[1]。所有的储物柜都是日式壁橱，单看内饰还以为是一套木制的独栋别墅。像这样将日式住宅整个装进西式的混凝土"箱子"中的公寓以前很常见，现在已经比较少了。

N 女士家中的柱子、实木天花板和窗框都已发黑，沙灰墙也已经出现磨损。阳台一侧的房间能接受阳光直射，采光还好。但里侧的房间采光差，加上暗色调的装修风格，整个房间显得很昏暗。另外，走廊和房间之间有高差，房间里有些地方会吱吱作响。

不过 N 女士把房子打理得很好，物品也收拾得很整齐。从生活方式可以看出，N 女士对生活一丝不苟。

南侧明亮的和室里，佛龛、紫檀木展示柜和朱漆小抽屉井然罗列，花瓶

1　让梁柱裸露在室内的装修手法。相反，用纸板或涂装的方式覆盖住柱子，让其不被看见的装修手法称为隐柱墙装修法，日语汉字写作"大壁"。

里的百合插花和 N 女士姨妈创作的绣球水墨画为房间增添了不少情趣。

旁边的和室里有古色古香的衣柜和藤条编织而成的抽屉柜，走廊里还有印度的布画，这些 N 女士喜爱的物品都在房间里散发着魅力。玄关旁的和室则被用作书房，墙上挂着她喜爱的骑马帽。

这套房子安静、和谐。N 女士在自己喜爱的物品和纪念品的包围下，认真地享受着自己的生活。

●客厅与餐厅厨房分开

由于没有反映房子现状的图纸，我们只好从实测工作开始。测量结果显示，目前的餐厅和厨房狭小且拥挤。面对这种情况，我们通常会将餐厅和厨房扩大，占用邻近的房间，让客厅和餐厅厨房连在一起。然而，N 女士反对将客厅与厨房和餐厅一体化，她更希望**将客厅和旁边的和室连起来**，这样用起来更宽敞。

反复商讨后，我们决定，保留现有户型，在厨房周围增建多个收纳区域。

厨房位于房子的内侧，被单独隔开，采光很不好。收纳墙很高，一直连

在厨房和客厅间装上纸拉门，既可以分隔两个空间，也能让厨房采光

到天花板，导致将厨房与客厅彻底隔开。我们将这面墙拆除，重建了一个较低的收纳空间，并在上半部分装上了纸拉门，让客厅和厨房之间的隔断简洁了许多。

用**纸拉门**分隔后，从客厅看向厨房也不会有太大压抑感。考虑到厨房里可能会溅起水花，我们在纸拉门的**表面贴了一层有日本纸质感的亚克力板**。收纳柜调整为齐腰高度，两面可用。厨房一侧放微波炉和烤面包机，客厅一侧放音响设备。

我们原本想在厨房的进出口做一个拉门，但用于隐藏门扇的隔墙会占用空间，最终果断保留了平开门。平开门上原本装有小方格图案的玻璃，也被保留了下来。让 N 女士有亲切感的半透明玻璃，可以让南侧的阳光柔和地照进光线昏暗的走廊。

●历经时光淘洗的木纹美不胜收

房子的整体布局基本不变。南侧的两间和室 N 女士很中意，最靠南的那一间平时被用作佛堂，亲戚来住时则用作客房。为了保持两间和室的连续性

从客厅看向佛堂，隔断墙的上半部分设计为玻璃楣窗

和开放感，我们将隔断墙的上层设计成**玻璃楣窗**。

佛龛、挂轴等陈设一直都被 N 女士妥善保管，我们觉得有必要装饰一下佛堂的正面，所以提议增建一个**简化版的凹室**。实木地板、**落掛**[1]与硅藻土墙面相得益彰。凹室为房子增添了更多的情趣，N 女士十分满意。

我们将原有的聚乐墙[2]统统拆除了，除用水区外，其余墙面统一使用明亮的蛋壳色（米白色）硅藻土来装饰。用碱水清洗陈旧的柱子、窗户和入口处的框架后，泛黑的污渍竟然脱落了许多，历经风霜、红艳高雅的木纹重新焕发光彩。

走廊和书房的地板用的是日本有节**桧木**的原木板材。另外还涂上了**天然涂料和蜂蜡**，今后木材的纹理会更自然，别有一番风味。

●日式壁橱用得得心应手

至于现有的背靠背壁橱怎么处理，我们考虑过将其合并成一个单一的储物间，但由于容量会减小，最终决定保持原样。

说到底，这主要还是因为 N 女士非常擅长使用**藤条箱**和**壁橱用抽屉**。就连壁橱的最里面她也能收拾整齐，所有东西都能快速取出。通常，壁橱等容量大的收纳工具中存储在内部深区的物品很容易被雪藏，但这对

壁橱被整理得很好

1 　凹室正面上方小壁下端的横木。
2 　使用日本京都聚乐地区的优质土制作的沙墙。

N 女士来说完全不是问题。

●防寒防暑措施

通常，公寓顶层的房子为混凝土水平屋顶。这种屋顶善于吸收外部的冷热空气，所以房子里总是"冬冷夏热"。

为了解决这一问题，我们在原来的**混凝土天花板下面铺设了一整层隔热材料**。天花板原本使用的是古色古香的杉木，拆除之后，能用的都尽可能保留再利用。北侧的墙壁容易结露，因此和天花板一样，也铺设了隔热材料。

由于固定家具和木工的成本比预想便宜，原本因为预算不足而放弃的地暖计划得以部分实施。地暖主要铺设在常常站着做事的厨房以及久坐的客厅里。

不管是站着做事，还是坐着休息，N 女士将首次以更加舒适的方式迎接冬天的到来。（加部）

在客厅休息的 N 女士

紧凑型厨房：适合独居者

如果只需要做一个人的饭，那么比起开放式的大厨房，站在一处能够到所有东西的迷你厨房就更方便。U 形厨房呈半开放状态，不仅明亮，还能遮挡手边的备菜工具。

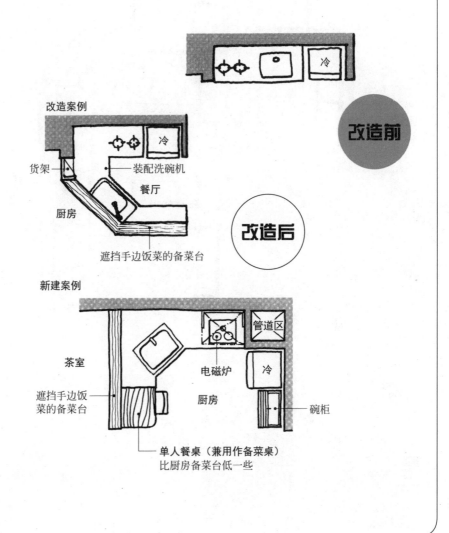

改造前

改造案例

货架
装配洗碗机
餐厅
厨房
遮挡手边饭菜的备菜台

改造后

新建案例

管道区
茶室
电磁炉
冷
遮挡手边饭菜的备菜台
厨房
碗柜
单人餐桌（兼用作备菜桌）
比厨房备菜台低一些

不想麻烦孩子，趁身体仍健康，将房屋改造成便于护理的格局

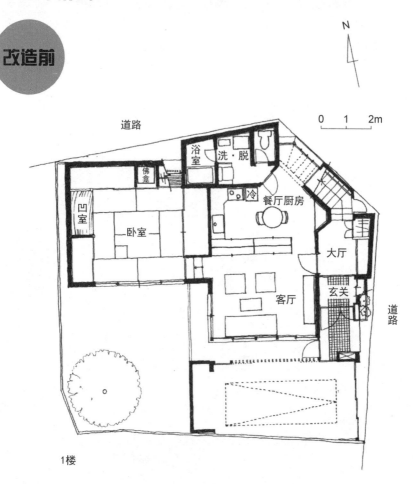

改造前

道路

N

0　1　2m

1楼

道路

要点

- 3层楼房，两代人同住，仅1楼改造为老人独居。
- 用自己的护理经验改造房屋，方便住在2楼、3楼的长子夫妇未来照顾自己。

适合老年人

独立住宅

骨架式改造

改造后

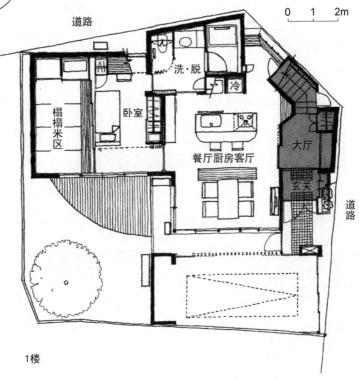

道路

0　1　2m

洗·脱

冷

大厅

榻榻米区

卧室

餐厅厨房客厅

玄关

道路

1楼

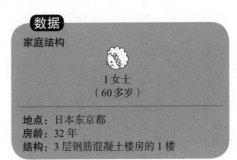

数据

家庭结构

I女士
（60多岁）

地点：日本东京都
房龄：32年
结构：3层钢筋混凝土楼房的1楼

115

●不想麻烦孩子

每个人都知道，为自己的房子加装无障碍设施会提升安全性，但人们往往会在仍然健康时推迟房子的无障碍化装修计划。身体日渐退化，自己却没注意到，仍然以为没事，直到疾病突然袭来，才着急忙慌地安装扶手，修缮地板。这就是很多人面临的现状。

这种情况下，改造可能演变为**剜肉补疮**式的敷衍之计，最终只能进行局部装修。即使进行大规模的改造，也会因为年龄过大无法适应新环境，而令**改造变得徒劳无用**。

身体负担小、开放式构造的房子对健康人而言居住起来也很舒服，应该尽早准备。但现实情况却是，除非有照顾老人的经验，否则很少有人愿意迈出这一步。

I女士则不一样。因为在现在的房子里照顾婆婆时经历了诸多困难，为了**不让孩子再受一次她受过的苦**，她毅然决定进行改造。

●一家两户的住宅更新迭代

I女士的房子位于东京中心城区的一个住宅区，为钢筋混凝土浇筑的3层楼房，由她已故的丈夫设计。房子刚建成时，有两代人共同居住。丈夫的父母住在1楼，I女士一家四口住在2楼和3楼。然而，时过境迁，丈夫和公公相继去世，孩子们纷纷结婚离家，长寿的婆婆后来也去世了，只剩下I女士一个人住在2楼和3楼。

I女士身材娇小，穿着时尚，特别是穿长裤很好看。她外向开朗，常常开车去打高尔夫球，还不时和朋友们发消息分享生活，看起来比实际年龄年轻很多。

I女士现在优哉游哉地享受着独居生活，其实就在不久前，她还和婆婆一起生活。照料婆婆很辛苦，时间也很长。当时的房子很不适宜照顾老人，让她更加辛苦。

现在，I女士的婆婆去世了，接下来她准备自己住1楼，让大儿子一家人住2楼和3楼。鉴于未来自己也可能需要被人照顾，I女士决定以此为契机，彻底将1楼翻修一下。

●对住宅有自己的考量

为了让房子更方便照顾老人，I女士列出以下四点要求：

① 房间所有区域均铺设地暖。

② 改造浴室，让照顾老人更方便。

③ 让厨房周围的收纳设施和器具更方便。

④ 地面统一使用亮色的木地板。

可见，I女士对于让房子更宜居的关键点已了然于胸。

另外，I女士不喜欢固定家具，她更喜欢现成的家具制品。她觉得，现成的家具不仅用起来方便，寿命也更长。最近的现货家具大都设计精良，便于使用。且经过了工厂化的严格生产管理，寿命更长，价格也更低。

为了保持设计上的统一和更有效地利用空间，我常常使用固定式的定制家具。听到I女士这一要求，我觉得有些意外，但我还是决定先选择现货家具，再根据这些家具的条件来设计房子。

关于目前的室内装潢，N女士还列举了以下缺点："墙面都进行了涂装，很容易弄脏，房间里还冷"，"天花板如果继续用喷漆木材，时间久了容易沾上灰尘"。这些问题都需要解决。

●变户型，不变功能区划

这次改造的部分占地约 20 坪，我们在其中设计了五大部分：

① 客厅和餐厅。

② 厨房、厕所、洗漱间、浴室。

③ 卧室。

④ 书房。

⑤ 长女一家短住的房间。

经反复商讨后我们决定，对整个房子进行**骨架式改造**[1]。除了混凝土的结构之外，其他都要改变。

首先需要对房子的区域进行大致规划。一套房子大致可以分为以下三大区域：

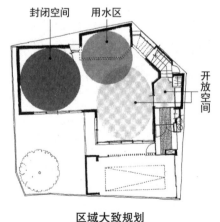

区域大致规划

① 开放空间（玄关、大厅、客厅、餐厅等）。

② 封闭空间（卧室、客房等）。

③ 为以上房间提供保障的用水区（厨房、厕所、浴室）。

做房子的区域规划其实就是确定这些区域的位置关系。

1　参考第 52 页脚注。

这次改造，现有的混凝土结构和通往楼上的楼梯都无法改动。考虑到日照条件等因素，我们觉得不需要改变房屋的区域规划。

不过，现有的户型布局没有关照到居住的便捷性。例如，从卧室到厕所距离很远，路上有两段台阶。另外，厕所位于洗漱更衣间的内部，这意味着去上厕所需要开两次门。再者，厕所很小，护理人员进不去。厨房的位置也很靠里，又暗又冷。这样的户型布局很不方便做家务和照顾老人。

因此，我们决定改变户型布局，想办法让移动和工作更顺畅便捷。

●让客厅餐厅厨房成为房子的中心

首先，我们将客厅、餐厅和厨房整合到房子的中心位置。出人意料的是，N 女士在厨房等家务活动空间耗费的时间非常长，因此我们决定让这些区域从幕后走到台前。

现有的厨房没有窗户，烹饪时毫无趣味。为了让厨房更加明亮，我们将它改造成一个**岛式厨房**[1]，让它面向南侧的大窗户。

充足的光线穿过客厅照进厨房，做家务时也会心情愉快。客厅的短边全部安装了窗户，I 女士偶尔可以看到窗外儿媳和孙辈骑自行车进出的样子。即使是独居，能在一个宽敞的环境中做家务，看到室内外的风景，也对保持精力充沛十分重要。

厨房背面配置了餐具橱柜、冰箱、微波炉和洗衣机，这样家务可以集中

---

1 厨房的功能配置类似小岛。

在一处进行。另外，左侧的凹壁里还放置了一台电视机，I 女士可以边做家务边看电视。

为了让家务做起来更高效，我们将洗漱间、厕所和浴室集中配置在厨房的正后方。轻松高效的家务活动可以帮助 I 女士平常活动筋骨，自然也有减缓衰老的作用。将用水区集中到一个地方，也降低了安装管道的成本。

我们设计了一个低矮的收纳台，隔开客厅与餐厅，未来它还可以被兼用作扶手。

如果厨房足够明亮舒适，家务也会更轻松

● 厕所设计在卧室附近

I 女士说：“长期照顾老人，最困难的是帮忙如厕。”冬天天冷，厕所离卧室又远，还有两段台阶，内部又很窄，I 女士抱怨困难也不难理解。

幸运的是，隔断墙不是钢筋混凝土材质的。我们将隔断墙拆除并拓宽了面积，让卧室和厕所直接连通，又在中间安装了一道拉门。连通卧室和厕所后，可以有效防止老年人卧床不起。这是因为，在决定究竟是继续去上厕所，还是改为换尿布时，方便的上厕所路径可以激发老人努力前往厕所的决心。

另外，我们将厕所尽量建得大些，这样只需稍微一帮忙，老人就能自己解决如厕问题。鉴于用水区的面积有限，我们将洗漱间建在厕所旁，有效利用空间。

●容易清扫的整体浴室

I女士觉得整体浴室容易清扫，还暖和，所以希望在自己家里也装一个。

最近市场上出现了越来越多适合老年人使用的整体浴室。我刚开始做设计时，基本没有这类设施，还需要将浴室和其他区域的地板高度调节一致，所以当时我们只能花大量的时间和金钱现做。

现在，只需去生产厂商的展厅，听听销售员的讲解，就能选到自己喜欢的类型（不过，厂商基本不接特殊类订单，所以用户只能在标准规格的范围内进行选择）。

●床安置在房屋正中

根据I女士的护理经验，我们将床设计在卧室的正中间。

护理时，经常需要将老人抬上或抬下床，或者在床上为老人换衣服。这时，如果从各个方向都可以接触被护理者，就会容易很多。医院的床就考虑到这一点。

不过，在身体仍然健康时，将床这样

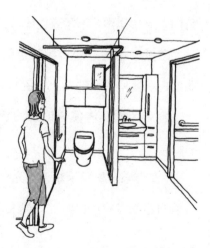

厕所改造后，护理起来更方便

放在正中间很难让人心情平静，所以我们沿着床边建了一堵隔断墙，与旁边的客房隔开。还在床头板背面建了个书柜，让整个结构更稳定。

地板用的是素色的樱桃木。这种材质的地板易于清洁，轮椅等设备也便于移动。应I女士的要求，我们选择**不上色，保留木材原本明亮的色彩**[1]。

至于墙壁，为了让污渍不那么显眼，我们在墙壁的中腰部撑上了桦木材，上面铺了一层含木屑的壁纸。

这种壁纸的表面有凸起，触感更柔软。另外，它上面最多还可以刷20次漆，就算孙辈弄脏了，也方便打理。

我们还在卧室的落地窗外建了一个大型的木制露台。去户外将会容易很多。

●供长女一家短住的房间

我们将长女一家四口短住的空间设计成一间小榻榻米房。平时这里是I女士卧室的一部分，长女一家人来住时，可以将新安装的**四扇天花板高度的吊门**合上，这样一下子就能隔开两个空间。

壁纸采用的是淡樱桃红色的和纸。为了保证孙辈弄脏墙壁后仍不显眼，我们还在墙壁的腰部贴上了色彩较深的和纸。更换壁纸比刷漆更容易。

室内装潢整体使用**淡奶油色**的天然涂料着色，营造出一种明亮平和的氛围。

I女士心态积极乐观，她充分吸取自己过去的教训，让房子焕然一新。她想将自己的经验传递给下一代人，我也从她的做法中学到很多。

---

1 淡奶油色，参考第135页。

半年后，我们去给竣工的房子拍照时，墙上挂上了日式风情的拼贴画框。房子已经完全变成I女士喜欢的样子。

I女士说，朋友们来玩时，都很震惊厨房可以这么干净整洁。"小男友"偶尔会从2楼下来，在桌台边和她喝杯茶，她似乎比以前更享受独自生活的乐趣。（加部）

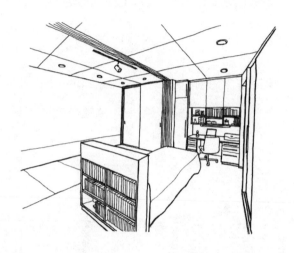

床放卧室正中，护理起来更容易；内侧是为客人准备的榻榻米区域

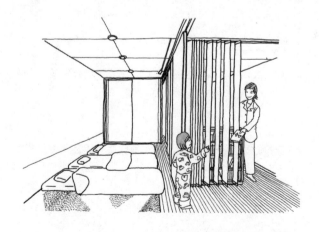

长女一家人来短住时，展开悬挂门就能隔出一间客房

床的位置：让护理更容易

从被护理者角度
- 户型设计上需注意，从床的位置去厕所要尽可能方便。
- 考虑窗户的位置，让被护理者坐在床上也能看到外面。
- 卧室需设计在家人聚集的客厅餐厅附近，减少疏离感。

从护理者角度
- 腾空床周围的空间，这样从任何一个方向都能护理。
- 确保有轮椅掉头的空间，这样未来使用轮椅时不会有障碍。

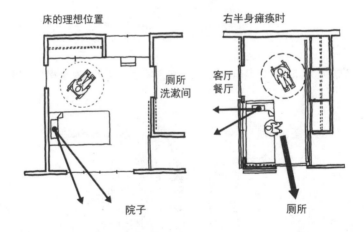

确定好睡觉时头的朝向，这样起身或站立时能用左手支撑

第 **5** 章

老年生活：
让人身心舒畅的住宅

年龄一增长，年轻时不在意的小台阶或小高差就会成为绊脚石。这一章将为您说明改造老年人住宅时需要下哪些功夫。

改造老年人住宅时需要注意，不要过度改变他们既有的生活方式。本章将介绍几个通过改造房屋改善生活质量的例子，这当中既有体现上述注意点的情况，也有不舍得扔东西的住户和长期蜗居家中的住户等情况。

改造房子，让母亲一个人在家也能安全舒适地生活

改造前

阳台

西式房间

洗·脱
洗

厨房 冷

玄关

客厅
餐厅

卧室

阳台

N

改造后

阳台

悬挂门

书房

地面高度有抬升

洗·脱
洗

厨房

冷

扶手

玄关

收纳墙

客厅
餐厅

卧室

阳台

0   1   2m

0   1   2m

适合老年人　公寓楼房　预算低
　　　　　　　　　　（约500万日元）

要点

- 母女两人相依为命，女儿希望改造房子，让母亲一个人在家时也能安心生活。
- 母亲日常穿和服，比起使用椅子更习惯席地而坐，希望为她打造一个无障碍的榻榻米空间。
- 虽然很难，但还是狠下心来断舍离。

●改造房子，让母亲住得更安全

和年迈的父母住在一起时，出门工作后总会担心他们独自留在家中是否会出问题。年近 50 岁的 M 女士就是这样。

M 女士是一名独立女性，在一家外企工作，与 80 岁的母亲一起相依为命。她住的公寓离姐姐一家的房子很近，通勤也很方便。附近还有许多她母亲的朋友，她希望今后继续住在这里。

她的母亲曾得过重病，不过现在已经痊愈，每天还能下厨做饭。为了让母亲今后继续健康地生活；**在母亲独自在家的情况下，让 M 女士也能安心专注工作**，她们决定对房子进行改造。

M 女士提出以下三点需求：

① 降低浴室门口门槛的高度。

② 清理杂乱的客厅。

③ 将已变成储藏室的西式房间改造成书房。

● "坐地板上更舒服"

M 女士家的房子是典型的两室一厅带餐厅厨房的房型，首先需要解决的问题是，客厅和餐厅是否要转换为西式风格，加装椅子。

一般来说，以无障碍设施为主要特色的房子更宜采用西式装修风格。但是，M 女士的母亲日常起居都穿和服，她说："还是坐在地板上更舒服。"

生活方式的改变会让日常起居的动作也随之完全改变，这可能会让人感受到压力，进而引发意外。比起遵循所谓的理论常识，更重要的是要根据每个人的**身体状况**，在尊重每个人的**活力情况**和**自尊心**的基础上做出正确的决定。因此，M女士家还是保留了席地而坐的日式风格。

卧室也是一样，从榻榻米更换成床时需要慎重。曾经有这样一个案例：一位老人的房子从榻榻米改成床，半夜起床上厕所时，他以为自己睡的是榻榻米，结果直接从床上摔下来，骨折了。

M女士和母亲决定**继续用榻榻米**。其实，起身、坐下以及叠被子和收被子的动作还有**防止肌无力**的作用。

●让地面更宽敞

要想在榻榻米上坐起来更舒适，不用说，不在地板上放太多东西，保持地面宽敞肯定是最佳的。

M女士房子的客厅餐厅厨房采光都很好，里面摆满了大小不同、形态各样的家具、碗碟、炊具、食材、书籍和文件。

特别是文件，M女士真的有很多。她每次去烹饪学校学习新菜之后，都会拍照打印，和菜谱一起存放在家里。

东西总是收拾不完，M女士很苦恼

她说："每天吃好喝好是保持健康的秘诀。"无论多晚回家，她和母亲都会自己做饭，享用美食配美酒的幸福生活。有那么多碗碟，也是因为她们会精心挑选与食物相匹配的器皿。

这次改造的重点在于收拾和整理杂物，保证地面环境干净整洁。为此，需要将客厅餐厅和厨房里各种各样的杂物存放到壁柜里。

但是，如果储物柜高到天花板，而榻榻米的位置又很低，那么从下往上看，就会有"坐井观天"的压迫感。为了避免这种情况，我们将储物柜的高度调低，保证 M 女士坐着也能挑选需要拿进拿出的东西。

榻榻米区域的墙面收纳不能太高，否则会给人压迫感

●断舍离的勇气

收拾和整理 M 女士家中堆积如山的物品，并将其装入墙面收纳间的过程，是最困难的。

整理家中物品是房屋所有家庭成员的工作。大家应该以"让生活更舒适"为目标，挨个检查所有物，重新评估自己是否真的需要。

M女士和母亲都有很多朋友，经常收到他们送的纪念品。对她们母女而言，要扔掉这些东西很难。尤其是M女士的母亲，很多东西她都很看重，无法下决心扔掉。最终，M女士带头，下定决心先扔掉自己不要的物品。这个过程十分考验耐心。

有一天，M女士的母亲穿了一件清爽的和服长袍，直起腰杆说："既然要重新装修房子，不如就趁此机会，把我那些不需要的东西都扔掉吧！"

M女士的母亲不再执着于过去的回忆了。这次装修改变了她，她对于生活的态度比以前积极了许多。整个房子的风格变得和以前完全不同，令人震惊。

改造房屋，就是从甩掉以前生活的"赘肉"开始。未来的生活中，**只有"必需品"**，这样生活才会更舒适。

●为物品指定区域

我们与M女士一起确定了经过筛选后留下的物品应该放在哪个位置。

烹饪书籍、文件、相册、文具、小杂物和电器等，都一律放到客厅和餐厅中高度直达天花板的收纳柜里。另外一些文具和经常使用的碗碟，则放在容易够到的低处。

根据物品的**类型、形状和使用频率**确定它们的存储位置，同时，也要根据物品的情况，来调整收纳区域的大小和门的形状。仅仅把东西塞在里面是不够的，还要让它们看起来整洁漂亮。另外，**放松和游玩的空间**也不可或缺，有纪念意义的物品可以放在这里。为了让新的东西来了后更换起来更方便，最好使用可移动的架子。

宽而浅的储物柜可视性强，一目了然地就能知道物品存放的位置。所有物品被摆放整齐后，地面空间自然也宽敞起来。

●选用能让心情愉悦的颜色

老年人在选择室内装饰时，往往喜欢使用庄重的色调。可能他们觉得，庄重感等同于奢华感。但其实，这种庄重的深色调反而容易让房间显得阴暗沉重。

人的视力会随着年龄增长下降，考虑到这一点，我们建议在装修时使用**亮色和淡色**。这种颜色不仅能使人平静，也能抚慰人心。

改造M女士的家时，我们主要选用了**暖灰色**与**浅鲑鱼红色**[1]两种颜色。其中原木地板是暖灰色，用带纹理的染色木材制成的固定家具是浅鲑鱼红色。M女士的母亲爱看足球和高尔夫比赛，好奇心极强。我们认为，对于这样一位老母亲而言，比起不痛不痒的米白色，粉色系的颜色会让她心情更愉悦。

●开放式烹饪台

M女士和母亲喜欢在朋友面前展示厨艺，考虑到这一点，我们为她们在厨房里设计了一个正对着客厅和餐厅的开放式烹饪台。为了不让坐在客厅和餐厅的人有压迫感，烹饪台的高度只到腰部。

我们在烹饪台的顶部设置了一个可将50个小调料瓶一列排开的**架子**。这架子还能同时有效避免坐在客厅餐厅内的客人看到厨房内的杂乱景象。

烹饪台的下方则是**新鲜蔬菜存放区**和**抽屉**。其中，为了方便通风，蔬菜存放区采用两边敞开的不锈钢篮子设计形式。常用的工具都放在母亲触手可及的地方。

1　暖灰色与浅鲑鱼红色，参考第135页。

在烹饪台的顶部设置了一个可将 50 个小调料瓶一列排开的架子,
底部设置了一个透气性好的蔬菜存放区

●让脚下更安全

地板的高低起伏如果过于复杂,不仅容易引发事故,还会在不知不觉中给身体施压。在改造之前,M 女士的这套房子内居然有 4 处台阶。

其中,M 女士最担心的是整体浴室的出入口。这里的台阶高达 30 多厘米。另外,去厕所的路况也很复杂,需要先从走廊下一级台阶到洗漱间,再上一级台阶才能到厕所。这些都是地板下部空间太小,且铺设了各种给排水管道造成的。

M 女士的房子位于一栋公寓楼内,地板不可能完全找平,只能尽量减少门槛和台阶的数量。客厅餐厅和卧室是 M 女士的母亲白天最常出入的地方,我们将这两个房间的地板找平了。客厅餐厅以及厨房的地板高度提升到与和室卧室一致,并在由此空出的地板下部空间内安装了地暖。

至于浴室出入口附近的高差，我们将洗漱更衣间的地板提升到与走廊和卫生间相同的高度，并将浴室换成**门槛高度最低的整体浴室**。不过，即使这样，地面的高差仍然很大，因此我们将浴室前的地面高度又抬升了一些，这样整套房子的地面高度几乎都被找平了。

●从卧室到厕所

如果家中暂时还不需要扶手却提前安装，不仅有碍观瞻，还会因依赖扶手而使衰老加速。

M女士的母亲虽然总是身着和服，干练端庄。但身体不好时，也会失去平衡，偶尔还会站立不稳。为了将来着想，在卧室至厕所的走廊上安装一个可支撑她身体的扶手比较好。

在现有墙壁上安装扶手时，如果不仔细斟酌设计，可能会影响室内装潢。这条走廊正好位于玄关附近，需要在扶手的安装上下点功夫。安装时，我们让

浴室入口（改造前）
有30cm以上的高差，去厕所的路径也很复杂。

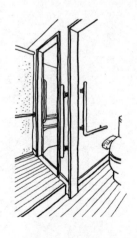

浴室入口（改造后）
将洗漱更衣室、厕所和走廊调整到同一高度，并将浴室前面的地板调高，让出入更方便。

受力板裸露在墙壁上，并将其**涂成**与墙壁相同的颜色，这样既整洁又不费事。

●为榻榻米区域铺设地暖

完工后，我们去 M 女士家时，她随即为我们下厨，准备了丰盛的菜肴。

M 女士一边在厨房的开放式备菜台前准备着沙拉，一边对客厅里的我说："我很高兴，今后我可以边做饭边和客人聊天了，再也不用背对着客人了。"

M 女士还说："我母亲说，地暖真的是太好了，好到无法言说。"

由于预算有限，M 女士起初对安装地暖犹豫不决。后来，我们选择跳过建筑公司，直接与厂商谈判，结果价格低得出乎意料，成功安装上了地暖。

有了地暖，就不再需要电被炉了。**榻榻米区域常常需要坐卧，地暖必不可少。**

M 女士和母亲互相尊重，享受生活。看到她们相互关心、相互帮助的样子，我不禁感慨，这真是一次温暖又愉悦的改造。（加部）

受力板

扶手从卧室一直通到厕所

房间色彩搭配：适合老年人

对于长时间在家中度过的人而言，房间的色彩搭配很重要。如果室内太暗，使用者就容易在不知不觉中消沉下去。另外，老年人容易罹患白内障，分不清明暗。因此，建议在装修时使用亮色。

考虑以下材质和色彩搭配如何？

以明亮色调为主的房间

浅粉色天花板

浅鲑鱼红色的硅藻土

深棕色软木地砖

以自然色调为主的房间

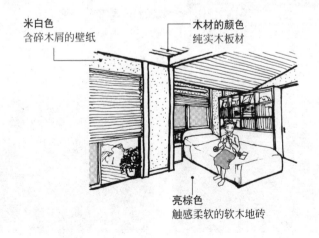

米白色
含碎木屑的壁纸

木材的颜色
纯实木板材

亮棕色
触感柔软的软木地砖

将幽闭昏暗的房间改成开放式家庭活动室，心情豁然开朗

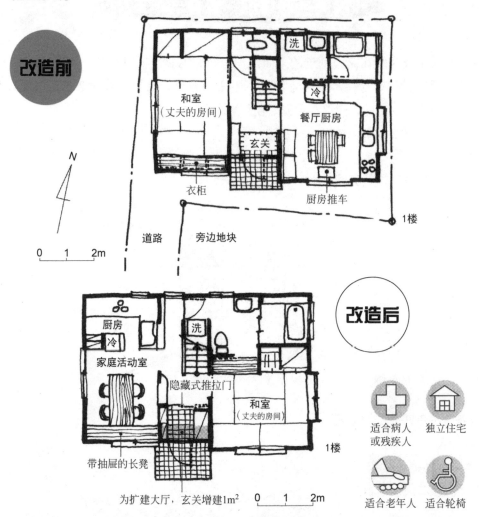

改造前

和室
（丈夫的房间）

洗

冷

餐厅厨房

玄关

衣柜

厨房推车

1楼

N

0　1　2m

道路　旁边地块

厨房

冷

家庭活动室

洗

隐藏式推拉门

和室
（丈夫的房间）

改造后

带抽屉的长凳

为扩建大厅，玄关增建1m²

0　1　2m

1楼

适合病人
或残疾人

独立住宅

适合老年人

适合轮椅

数据

家庭结构

H女士
（60多岁）

丈夫
（70多岁）

二儿子
（30多岁）

地点：日本东京都
房龄：23年
结构：2层木质建筑

要点

- H女士要照顾患糖尿病的丈夫，不能长时间出门。建造一个家庭活动室，可以让H女士呼朋引伴愉快生活。
- 老两口要想和谐过日子，需要保持适当的距离。
- 丈夫可能需要轮椅，这种情况也要考虑在内。

●不好意思邀请人来家中做客

H 夫妇的家位于一条小巷的尽头，从路上根本分不清入口在哪里。我现在还记得，第一次去拜访时，我曾不安地向巷子里张望，不知道自己是否走对了。

穿过玄关右侧的房间，我终于明白为什么 H 女士说不好意思请人来家中做客了。

8 个榻榻米大小的餐厅和厨房里，不仅摆放了一整套厨房用具，还放置了橱柜、兼用作微波炉架的储物架、一个大冰箱、一辆厨房推车和一台电视机。餐桌上又是水果篮又是药品盒，根本不是一个可以静下心来摊开文件、商讨改造计划的场所。

据说家庭成员们一吃完饭就回各自房间了。我们也觉得无可奈何，毕竟这样的环境确实很难让人放松休息。

玄关的左侧是一间 6 个榻榻米大小的和室，原本是客厅兼客房，现在变成 H 先生的专用房间。

这个房间里虽然有落地窗，但是，外人站在门口就能将内部一览无余，甚至从街上也能看到内部的样子。因此 H 女士在窗户前放了一个衣柜，封锁住视线。结果导致房间内不仅光线昏暗，还散发着某种霉味，很不健康。

H 先生患有糖尿病，需要注射胰岛素。他的身体臃肿，行走不便，每天大部分时间都窝在这个房间里看电视。

H 女士虽然喜欢社交，但又不能把丈夫长时间留在家里，自己出门。想邀请朋友到家里来聊天，又觉得没有地方可以让客人们安坐。H 女士很苦恼。

●和谐生活的智慧是要保持适当的距离

2楼8个榻榻米大小的和室以前是H夫妇的卧室，现在变成H女士的专用房间。

丈夫退休后，越来越多地待在家里。两个人整天待在一起，争吵也随之增多。不知何时起，丈夫开始独自睡在楼下的和室，夫妇两人开始分房睡。似乎也是从那时起，丈夫的糖尿病开始恶化。

或许因为从小就在独立房间中长大，现在的年轻人婚后不住一起、选择分房住的情况并不少见。但是，对于六七十岁的人而言，分房睡还是会让他们问心有愧。

如果夫妻当中任意一人不得不忍受冷热、睡眠时间、声光等方面的差异，我会建议不要勉强同住一间房，**分房**更好。这样才能休息好，做自己想做的事情。

不过，既然以"一家人"的方式生活在一起，就不要变成"家庭内部分居"，而是"成年人的同住"。只要在家居设计稍微下点功夫，就能让共同生活愉快许多。

●丈夫的房间明亮且通风性好

尝到分房睡带来的甜头之后，H夫妇决定改造时也要保证有各自独立的房间。于是我们将1楼原来的餐厅厨房改为丈夫的房间。

这个房间就在玄关旁边，不但隐私可以得到保护，而且南面的落地窗和东面的窗户都能有效利用。房间内光线充足，通风性好。大厅一侧的推拉门打开后，还能与隔壁的家庭活动室相连。丈夫即使卧病在床，也能与家人一起生活。

●一家人在家庭活动室中团聚

三餐既是生活中的"乐趣"，也是治病的"良药"，应该珍惜用餐时光。如果家中能有一个地方，让居住者可以在饭后休闲品茶，让偶尔回老家的孩子们也能放松休息，享受天伦之乐，那就再好不过了。

因为此次是边住边装修，所以我们决定暂时保留旧厨房，并在玄关前原来和室的位置新建厨房餐厅。这间餐厅同时兼具客厅的功能，也可以用作**家庭活动室**，不管是家人还是访客在里面都能舒心。

如果保留落地窗，就总让人觉得不自在，于是我们改成**腰窗**，并在窗前放了一张**带抽屉的长凳**。上面可以放花盆，装饰成窗台，也可以在客人多的时候用作坐凳。

休息用的家庭活动室诞生，方便一家人团聚，以及邀请朋友来做客

就这样，一间可以休息的"家庭活动室"诞生了。家庭成员可以在里面共享天伦之乐，还可以招待客人来访。

为了避免杂乱无章，我们还在家庭活动室内设计了储物空间，并摆了一张**大桌子**。可能很多人误以为小房间里应该摆小桌子，但其实放了大桌子之后，就不用放其他家具了。整个空间更整洁，人聚起来更方便，也更能放松。不过，哪怕稍微贵一点儿，也要买几把**舒适的椅子**放在里面。

最终，这里变成了一个采光通风都很好、优质且健康的房间。现在，从路上也能看清房子的样子，客人们来访也更方便了。

●用扶手收纳解决房屋狭小问题

当居住面积有限时，收纳非常关键。

空间充裕的话，大件家具和储藏室能发挥作用；但如果空间有限，就需要根据物品的大小设计储藏空间，并合理安置，才不会造成空间浪费。

我们在 H 女士家玄关的右侧设置了一个大衣收纳间，左侧设置了一个高度直达天花板的鞋柜。不过，由于这个鞋柜同时兼有"扶手"功能，所以是中空式的。这样看起来压抑感也减小了许多。

我们**用两扇隐藏式推拉门将玄关与大厅隔开** [1]，防止玄关附近的冷空气进入室内。

为了让家庭活动室更宽敞，我们将原来的走廊也吸收了进来。不过，如果只是将房间扩充到走廊范围，会让人缺乏安全感，因此我们在原来走廊的位置设计了一个收纳间，既可以储备日用品，也可以**兼用作扶手** [2]。

1　参考第 105 页。
2　可以兼用作扶手的收纳，参考第 167 页。

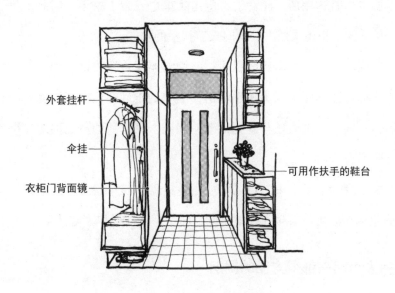

外套挂杆

伞挂

衣柜门背面镜

可用作扶手的鞋台

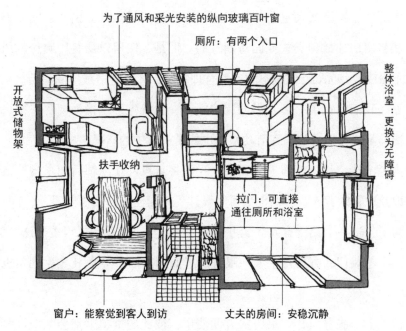

为了通风和采光安装的纵向玻璃百叶窗

厕所：有两个入口

整体浴室：更换为无障碍

开放式储物架

扶手收纳

拉门：可直接通往厕所和浴室

窗户：能察觉到客人到访

丈夫的房间：安稳沉静

"扶手"收纳

走廊可以直达厕所，H女士希望走廊里也安装上扶手。因此，我们建造了一个低矮的书柜用来放书，同时兼有扶手的功能。

厕所原本位于玄关走廊的尽头，我们将厕所位置稍微移动，并安装上一扇垂直大窗。这样原本因为扶手收纳而变窄的走廊突然变得明亮开阔，令人难以置信。同时，视线还与家庭活动室相连，家庭活动室也因此显得不那么窄小逼仄了。

如果走廊太窄，未来一旦需要使用轮椅就会是个隐患。因此我们想办法让H先生的房间可以直接通往卫生间，转个弯还能通往家庭活动室。

●任何人用起来都很方便的厨房

厨房位于家庭活动室北侧，用家具和冰箱简单隔开。由于空间不够，所以无法将厨房建成独立式或面对面式的。但是，保留以前餐厅厨房的风格又让人不自在，物品也会显得凌乱不堪。

于是我们购置了一套L形的厨房组件，让洗碗的水槽面向房屋中央。站在水槽前不仅可以看到家庭活动室，也能了解家中的状况。

为了不让炉灶从外面一览无余，我们将其设计在冰箱后面。备菜桌的上下方以及冰箱的背面，我们也尽可能设计了方便使用的储物空间。

为了打造一个让所有人都能方便使用的厨房，我们想了很多办法。例如，储物架上不装门，方便每个人一眼看清里面的东西。毕竟H先生偶尔也会下厨帮忙。

护工上门服务时，如果厨房方便使用，彼此的负担就都会减轻许多，不是吗？（今井）

夫妇卧室的设计方案：办法多种多样

夫妻有时候想要一起睡，有时候又想有自己的独立空间。如果房间可以按需随时更换户型就好了。此处介绍一套两代人同住的住宅内两种不同的夫妇的房间。

2楼
父母的房间

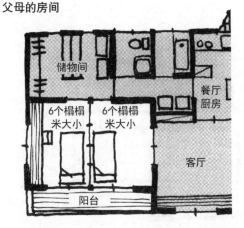

- 可合并为一间房，也可以用拉门隔成两间房。
- 每个房间都配备照明设备。
- 脚灯必备。

1楼
夫妇的房间

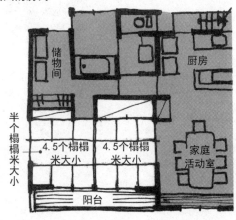

- 孩子还小时，只铺设纸拉门的底槛，不设纸拉门。

不破坏老两口安稳的生活节奏，增添舒适感

改造前

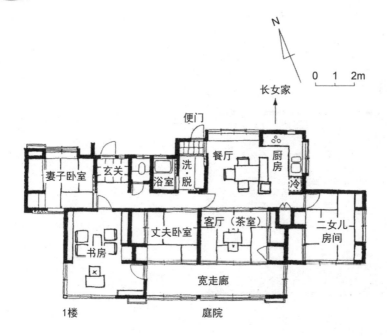

N

0　1　2m

长女家

便门

餐厅

厨房

妻子卧室

玄关

洗·脱

浴室

冷

客厅（茶室）

丈夫卧室

二女儿房间

书房

宽走廊

1楼

庭院

适合老年人

独立住宅

适合轮椅

要点

- 改造时，不改变 T 夫妇各自的行动路线。
- 生活区调到温暖明亮的南侧。
- 将老两口的卧室合并，且与用水区完全连通。

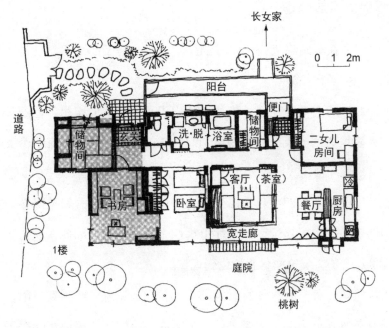

数据

家庭结构

T爷爷
（80多岁）

T婆婆
（70多岁）

二女儿
（30多岁）

地点：日本东京都
房龄：40年
结构：木质平房

145

在双职工家庭和年轻夫妇组成的家庭中，"家务分担"已成为一种常态。但是，许多中老年夫妇依然奉行"**丈夫工作、妻子持家**"的观念。

在 T 爷爷的家中，这样的观念甚至清晰地反映在房子的构造布局上。

●漏雨促成家居改造

T 夫妇住在车站附近一个安静的住宅区里。房子是平房，已经工作的二女儿和他们生活在一起。

近 300 坪的宅地内，除了 T 爷爷的房子，还有他的姐姐、他的长女家的房子。大院里树木丰茂，玄关为格子门样式。从大门到玄关有一个美丽的前院，种有松树和梅树。

然而，这座高达四十年房龄的老房子阴冷漏风。T 夫妇觉得必须要想点办法，两个人在房屋建筑商的展厅里徘徊多年。可即便如此，他们还是下不了决心重建房子，就这样将就着住到现在。

在这期间，房子竟然开始漏雨了，他们终于觉得已经撑到极限，这才来到我的事务所寻求帮助。交谈之后我了解到，他们不仅想要修缮房子，还希望尽可能不依赖他人，在自己家中**独立生活**。

●仅重建日常起居部分

房子整体破旧不堪，走在里面地板吱吱作响，屋顶的一些瓦片已经开裂。这座房子虽然承载了 T 爷爷一家的历史，但必须要着手修缮了。

不过，完全重建**在体力上无法实现**。屋子里藏书太多，整理和移动是个巨大的负担。

因此，我们决定进行改造。仅保留藏书丰富的书房、作为房屋门面的玄关以及旁边的和室，剩余的2/3破拆后改建或扩建。我们计划改造一家人日常生活的核心部分，让生活更舒适。

另外，情趣盎然的前院也不变。玄关周围是房子的象征，T爷爷希望不做改动，保留这些景观在记忆中的样子。

● 安静恬淡的生活

据说70岁以后，不同的人衰退情况可能天差地别。T夫妇都已经80岁左右了，竟然不用放大镜也能看报，交谈自如，腿脚和腰部还都很有力。

T爷爷曾是一名大学教授，现在，每天白天的大部分时间他都待在书房兼接待室里。坐在靠窗的书桌旁，可以望见花园。T爷爷每天在这里读书、撰写文稿。当然他也不是一直待在家里，还经常外出参加研究会等活动。

而T婆婆则承担了所有家务，购物、做饭、洗衣服和打理院子都是她的工作内容。她的兴趣爱好是给孩子们读书讲故事。她为人文静，一头银发很适合她。

这对夫妻平静、安详又幸福地生活在一起，真可谓夫唱妇随。

夫妇两人都很喜欢前院，因此完全保留；不过，为了安全起见，我们在踏脚石周围铺上了碎石子，减少高差，还在便门前多加了一扇木门，来确保安全

● 夫妇两人各自的行动路线

经过多次商谈后，我们发现，T 夫妇在屋内的行动路线完全不同。

T 爷爷通常在书房，吃饭和饮茶时，会穿过南侧的**宽走廊**去客厅和餐厅。到了晚上，他又会经过这条宽走廊回卧室。一边眺望着绿意盎然的庭院一边走动，一定很惬意吧。

而 **T 婆婆**不怎么经过宽走廊，她经常在**中央走廊**上来来回回。客人来访时，她会从中央走廊去玄关。端茶倒水时，也会经过中央走廊，在厨房和书房兼接待室之间穿梭。晚上回卧室睡觉时也是如此。

夫妻两人的工作和区域有明确区分，行动路线也因此不同。

● 空间布局不变

改造老年人住宅的基本原则，是**不做大刀阔斧的改动**。虽然 T 夫妇比实际年龄更年轻、更健康，但这套房子他们已经住了近四十年，身体上已非常熟悉。如果彻底改变，就会很危险。

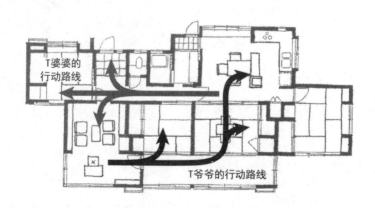

T 夫妇日常的行动路线（原先的房子）

148

因此我们决定，原有的空间布局不变，在此基础上增加新的空间，弥补不足。此次改造有以下三个要点：

① 保留 T 夫妇现有的行动路线，在此基础上分配房间。

② 利用日本传统住宅特有的推拉门和纸门来分隔房间，提升房间布局的灵活性。

③ 适当扩充用水区（浴室、卫生间和洗漱间）和便门等常用空间的面积，但相对位置关系不改变。

第三点尤其重要。反复强调，可能会让读者厌烦。但是，人长期重复的动作真的会形成身体记忆。这种情况不仅限于老年人。

我想讲一件我自己亲身经历的事。我们家从高层公寓搬到两层的独栋住宅的新房后不久，我当时 7 岁的儿子有一天半夜醒来上厕所。他好像还没记住 2 楼也有厕所，刚踏上楼梯准备下楼，就滑倒摔下去了。其实，这就是因为他的身体还没记住这里有楼梯。

新房中，从厨房看洗衣机的位置与老房子完全相反。当时我已 40 岁，适应这件事竟花了一个多月的时间。年纪越大，面对这类事情的压力就越大。

●将生活区调到南侧

具体而言，我们首先将房屋北侧阴暗寒冷的餐厅和厨房搬到温暖明亮的地方。把厨房打造得既安全又温馨舒适，负责家务的 T 婆婆就能一直工作下去。

为了让 T 婆婆能一边沐浴清晨的阳光一边做饭，我们将**厨房设计成东向**，并果断放弃了上盖悬空式碗橱的想法，设计了一面可充分透过阳光的**大窗户**。

T婆婆在这里度过一天的绝大部分时间，除了做饭，朗读这项业余爱好也在这里进行。

同样，我们也将T夫妇一起喝茶的客厅设计为南向。客厅尽头新建了一个宽走廊，为T爷爷**保留了以前的行动路线**。通过长廊时，院子里的树木尽收眼底。

通常，二女儿下班回家已是深夜。我们将她的房间设在北侧靠近便门的位置，这样她就不用担心回家时吵到熟睡的父母了。

●为整套房子铺设地暖

老年人住房选用西式客厅的居多，但T夫妇腰腿都没有问题，坐在榻榻

纸拉门完全拉开，客厅与餐厅就能合二为一

米上也更舒服，因此客厅还是**保留了日式设计**。

我们用纸拉门将客厅与餐厅、宽走廊隔开，不过没有在墙角立打柱桩。纸拉门完全拉开后，客厅与餐厅就能合二为一。

宽敞的房间里视野开阔，同时空气也更易流动，因此需要特别注意**冬季的保暖措施**。除整体浴室和储藏室外，其余房间都铺设了**低温地暖**[1]。

使用火炉和暖炉等局部加热装置可能会带来危险。从温暖的房间移入寒冷的房间时，温度会骤然变化，这可能引发心肌梗死或脑血管疾病，还可能让人窝在温暖的房间里不愿出来。因此，**全屋供暖**对于保持身体健康必不可少。

由于地暖需要长时间大面积使用，因此我们选择了煤油作为热源，降低成本。最终选用低温地暖方案，优点在于不限地板材料，但升温需要时间。当然，如果根据起床时间**预约定时**，即使在隆冬时节也能舒服地起床。

●将 T 夫妇的卧室合为一间

T 婆婆的卧室原本在房子的西北角。不仅面向马路，汽车发出的噪声让人难以安睡，冬天还十分寒冷。T 婆婆说："今后丈夫的健康也需要我照顾。"于是我们决定找一个条件更好的房间用作夫妇二人共同的卧室。

他们还想以此为契机，**告别在榻榻米上铺被褥的生活，改成睡床**。随着年龄的增长，收放被褥、晾晒被褥对身体的负担越来越大。也有人认为这能让人保持运动习惯，但毕竟搬运时看不到自己的脚边的情况，有摔倒的风险。

1　参见第 69 页。

为了将来使用轮椅时也能顺利进出，我们将卧室进出口的推拉门设置为与卧室同宽。推拉门可拆卸，拆卸并关闭走廊两端的推拉门后，卧室便可直接与用水区（浴室、洗漱更衣间和卫生间）相连。地暖也只在这一区域内运转。

这些都是为了在需要护理时可以方便地**变换房间结构**。用水区与卧室直接连通后，可以防止久卧不起，这对护理人员和被护理的人来说都很方便。

双槽推拉门采用的是**悬挂式结构**，重量轻，开关时不会发出噪声。这种双槽推拉门无须在地板上铺设轨道，拉开门让走廊和房间相连时，地板上也不会出现凹凸不平的情况。另外，人坐在床上也能眺望院子里的景色。即使躺着，也能看到花草树木在风中摇曳，鸟儿落到院子里。老年人日常看看这些景色，能刺激大脑，对保持健康很有好处。

● 加装扶手更方便

T夫妇现在还很健康，应该还不需要扶手。不过，考虑到将来，还是需

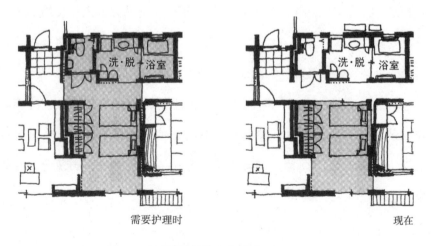

需要护理时　　　　　　　　　　　　　　　现在

可改变结构布局的卧室

要提前做好准备，以便随时安装扶手。

　　走廊的墙基已贴上了胶合板，可以安装扶手。但是，卧室内的墙壁上因为已经设计了一个衣柜，所以不能用同样的方法。于是我们将衣柜分为上下两部分，在中间留了足够宽的空间，未来可加装扶手。

　　这样一来，就不用凿坏墙壁或家具，随时都能安装扶手。

　　新房竣工后的第一个冬天，因为杂志拍摄，我们再次拜访了 T 爷爷一家。他们已经完全适应了新的机器和设备，地暖的使用方法也已熟练掌握。

　　他说："餐厅的凸窗正好对着桃树，春天可以欣赏桃树美丽的白花。"

　　看来，改造之后，T 夫妇的生活更加健康有活力了。（加部）

躺在床上可以欣赏院子里的景色

为安装扶手提前做好准备：为将来着想

　　扶手通常在需要时根据身体的状况安装，但是为了安装更容易，在改造房子时提前做好准备，将来会更方便。

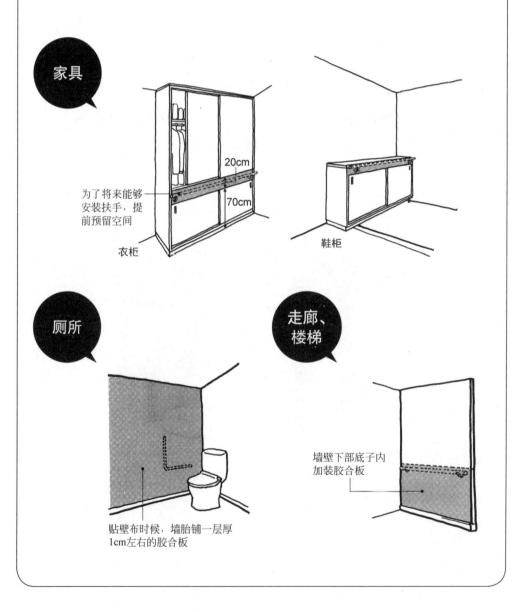

家具

20cm

为了将来能够安装扶手，提前预留空间

70cm

衣柜

鞋柜

厕所

贴壁布时候，墙胎铺一层厚1cm左右的胶合板

走廊、楼梯

墙壁下部底子内加装胶合板

第 **6** 章

复健生活：
这才是真正的无障碍设施

　　家人突然病倒，需要接受护理。面对这种情况，很多人受限于工期和预算，常常只在房子内加装最低限度的扶手并消除高差。但是，我们希望读者能尽量利用地方公共服务，在咨询医疗、福祉和建筑（设计）相关人士后进行合理改造[1]。

　　住房的设计方式会影响被护理者身体机能的恢复，而好的设计则能减轻护理者的身体和心理压力。本章将介绍几个相关案例。

1　参考第 175 页。

连续扶手实用且美观，让步行练习更加轻松愉悦

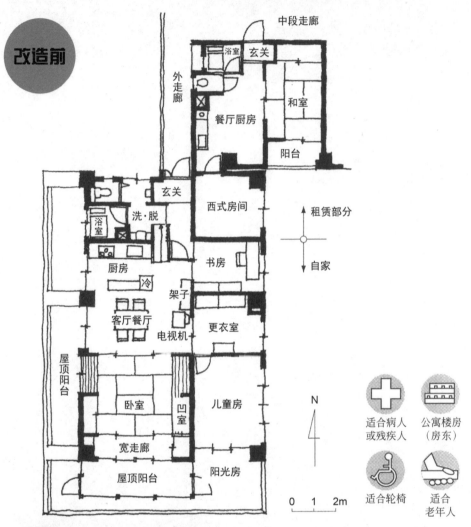

改造前

中段走廊

浴室
玄关
和室
阳台

外走廊

餐厅厨房

玄关

西式房间

洗·脱

浴室

书房

厨房

冷

架子

客厅餐厅

电视机

更衣室

屋顶阳台

卧室

凹室

儿童房

宽走廊

屋顶阳台

阳光房

租赁部分

自家

N

0 1 2m

适合病人
或残疾人

公寓楼房
（房东）

适合轮椅

适合
老年人

要点

- T女士是公寓楼房东，想将两户房
  打通，构建一个适合护理的房子。
- 新建一个适合轮椅的厕所和淋浴间。
- 母亲生病，无法直角转弯。为母亲
  建一条45度以内转弯的路线，全程
  设置扶手。

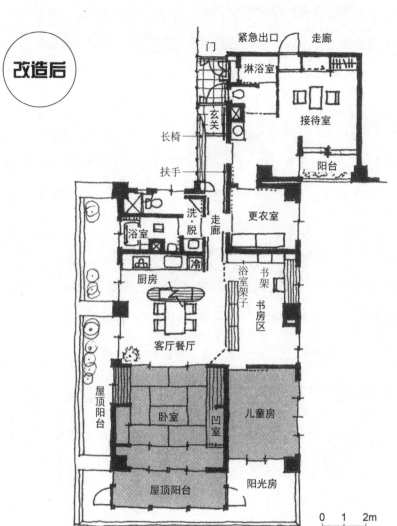

改造后

紧急出口　走廊
门
淋浴室
接待室
玄关
长椅
扶手
阳台
洗·脱
走廊
更衣室
浴室
冷
厨房
浴室架子
书架
书房区
客厅餐厅
屋顶阳台
卧室
凹室
儿童房
屋顶阳台
阳光房

0　1　2m

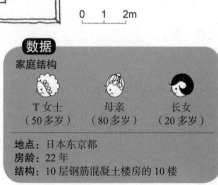

数据

家庭结构

T女士
（50多岁）

母亲
（80多岁）

长女
（20多岁）

地点：日本东京都
房龄：22年
结构：10层钢筋混凝土楼房的10楼

通常情况下，改造公寓只能在钢筋混凝土围合的区域内进行。不过 T 女士是整栋公寓楼的房主，所以可以将两套住宅合为一体，新建可供轮椅出入的卫生间、护理用浴室和淋浴房，让居住条件得到显著改善。

● 改造还是换房

T 女士管理着一栋公寓楼，与母亲（88 岁）和女儿住在一起。母亲患有帕金森病，日常需要人照顾。T 女士想改造自己的房子，以便更好地照顾母亲。

但是，她查阅杂志和报纸后发现，**改造公寓楼限制很多**。

"看来真的要换房子了，但还是想住这里。"T 女士很难下定决心。这时，她碰巧看到我在《日经无障碍指南》（日经商业出版社）里描述的老年人友好型住宅设计范例，于是打电话向我咨询。

● 充满回忆的公寓楼

T 女士一家住在东京中心城区一栋公寓楼的顶层，公寓已有 22 年历史。这里以前是 T 女士的父母经营工厂的地方。当时，工厂生意兴隆，拥有约 50 名员工。但已故的父亲从工作岗位退下来后，工厂被改造成一栋公寓楼。

与当时相比，周围的环境已发生翻天覆地的变化，许多邻居都搬走了，但仍有一些 T 女士母亲的老朋友留在这里。这里也充满了她父母工作时的回忆。

T 女士从小就住在这里，对这里也很有感情。这里位于城市正中心，地理位置优越，购物和去医院都很方便，这也是促使她想继续住在这里的原因之一。

●母亲的日常生活

T女士的母亲通常坐在餐厅的椅子上看电视。身体好的时候，她会叠衣服、洗碗。给阳台上的花浇水、喂鹦鹉饵料也是她的日常工作。

她可以扶着家具和墙壁自己**慢慢走动**。走着走着，有时**双腿会打结摔倒**，一旦摔倒就无法自己爬起来。这是帕金森病特有的症状。T女士必须时刻关注母亲的情况。

母亲经常需要外出，每周T女士开车送她去医院做康复治疗，或者去公园散步。

●用水区的问题点

最困扰T女士的问题是浴室和卫生间太小，照顾母亲时常常捉襟见肘。

另外，罹患帕金森病的母亲极难扭转和改变身体方向，而户型设计上却有需要直角转弯的地方，可以说是很大的障碍。现有房屋布局下，母亲必须转好几个直角才能到达厕所和浴室，光是去厕所就已经是一大挑战。到了浴室入口处，折叠门的**铝制底框**也不可小觑，会让母亲心理上产生畏惧，踉踉跄跄。浴缸的**跨度**很高，对母亲来说很危险[1]。

仔细观察T女士母亲的日常生活后我们发现，不仅整套房子的用水区面积太小，整体的空间连续性上也存在问题。

1　参考第162页插图。

●错综复杂的空间

T女士的母亲必须在**错综复杂的狭窄走廊**里转好几个弯才能到达厕所，即使是健康的人也会觉得非常不便。

T女士的母亲把墙壁和家具当作扶手，摸索着从卧室走到厕所。她运用自己多年来养成的应变能力，维持着运动机能，从这个角度而言可以接受。但是房子内**视线不佳**和有**转角**的地方实在太多。应该调整为更合适的结构。

此外，T女士希望能够随时掌握母亲的动向。目前她工作的书房在一个独立的单间里，无法看到母亲的情况。

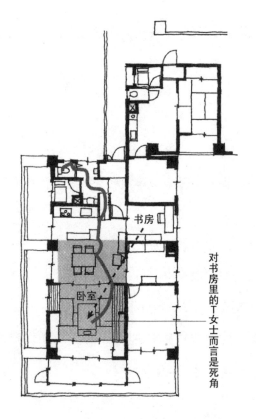

书房

卧室

对书房里的T女士而言是死角

母亲从卧室到厕所的行动路线（原住宅）

不破坏 T 女士母亲一直以来努力的自主生活模式，是此次房屋改造的基本方针。在此基础上变革房屋结构，让母亲的护理和其他家庭成员的居住都更方便。母亲说："如果只是为了我，我就不开心；但如果能让大家都高兴，那就没问题。"她对这次改造也很积极。

●两户合为一户

改造公寓住宅时，设计师倾向于对户型和房屋布局进行大改，虽然受到区域大小的限制，但仍想尽可能多地满足客户的要求。可是这么一来，保存在老人身体记忆中的行动路线很难维持，老人很难适应新房的结构。

幸运的是，T 女士提议："或许可以好好利用一下隔壁的空房。"T 女士是整栋公寓的所有者，只有她才拥有这样得天独厚的条件。我们随即将隔壁空房纳入考虑范围，着手起草新的设计。

在不对房屋整体架构产生影响的前提下，我们在户与户之间的墙壁上加了个出入口。当然，开口处周围已用钢筋妥善加固。

●两个卫浴

考虑到未来母亲可能需要使用轮椅，T 女士希望将现有的用水区改造成方便轮椅使用的模式。但是，受管道配置的限制，操作起来很困难。

而且，如果改造成方便轮椅使用的模式，母亲过去养成的扶着东西慢慢走路的习惯可能丧失，要完全依赖轮椅生活。虽然母亲一直努力自立，但假如她发现了还有更轻松的方式，一定会即刻选择那种方式。

因此，我们决定在隔壁建造一个独立的无障碍卫生间和淋浴室，方便轮椅进出。新的卫生间足够宽敞，方便协助老人如厕。淋浴室内可坐轮椅沐浴，天花板的正下方还安装了**远红外线取暖器系统**[1]。

我们将现有浴室的进深扩建至最大（其实只有 50 厘米）。进出口处的**台阶已经加宽**[2]，脚可以放在台阶上。这样就不会绊倒，可以一步步稳稳地前进。

现有厕所的马桶设计很靠里，我们将它尽可能移到靠近门口处，并铺设了地暖。这样这套房子就有两个用水区，将来 T 女士的母亲不得不开始轮椅生活时，能够顺利过渡。

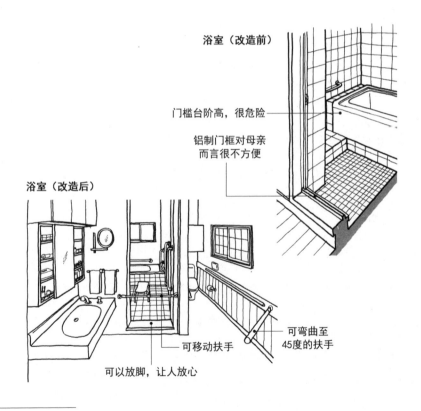

浴室（改造前）

门槛台阶高，很危险

铝制门框对母亲
而言很不方便

浴室（改造后）

可移动扶手

可以放脚，让人放心

可弯曲至
45度的扶手

1　参考第 21 页。
2　参考第 78 页。

此外，我们还在现有部分和扩建部分的交界处设置了一个**更衣室**，这样T女士母亲不管使用现有浴室还是新淋浴室，都可以顺利地更换衣服。之所以这么做，是因为原来的更衣室太小，帮助老人穿脱衣服很不方便。与原来的更衣室相比，现在的更衣室更靠近浴室。

●分两阶段施工，看看母亲的适应能力

在我们推进改造计划的过程中，T女士表达了她的担心："变化这么大，**我妈会不会被弄得晕头转向啊？**"

于是我们决定分**两个阶段**施工，先看看效果如何。我们先改造邻屋，让T女士和母亲住住试试。倘若T女士的母亲能够适应新环境，我们就开始对房屋的原有部分进行改造。

新设的轮椅无障碍卫生间和淋浴间

施工开始前，T女士带着母亲去了现场，反复向她解释邻屋将被改造成什么样，以及两套房子在何处相连。多亏了T女士的努力，母亲才得以顺利开启新生活。

试住两个月后，我们接到T女士的电话，她说应该没问题。随即，我们开始具体讨论现有房屋的改造问题。

●扶手从客厅一直延伸到厕所

更衣室被移到扩建部分后，餐厅和厨房就可以改造成大开间。"大开间"是我惯用的手法，将餐厅、厨房和书房等功能都包容在一个房间内，再用家具切割成多个半开放式的空间。这样可以打造一个视野开阔、宽敞明亮的空间。不过，为了防寒，地暖必不可少。

大开间虽然宽敞，但也存在问题，如缺少可供抓握行走的墙壁。因此，我们决定在T女士母亲现有的行动路线上安装一组**带扶手的矮桌柜**。为了方便将来改造，我们将它分成三部分，中间用可拆卸的螺丝固定。

矮桌柜的延长线方向是走廊和玄关，**一路都设有扶手**，一直到厕所。通往用水区的所有通道都已简化，保证人的转动角度**不超过45度**。如果沿途遇到出入口，无法安装扶手，就使用可伸缩的移动扶手来确保不间断。

●木墙的扶手不显眼

除了上文提到过的特征，帕金森病还会使人平衡功能下降，**容易摔倒**。因此，我们选用了富有弹性的羊毛地毯来铺设客厅和餐厅的地面。厨房、浴室和卫生间方面，则使用防水且有弹性的**软木地砖**。

墙壁方面，腰部以下区域统一使用**杉木板**。使用这种木材后，就不必担心轮椅撞击墙壁会出现凹痕或壁布剥落。另外，木制墙壁有效**减少了栏杆的突兀程度**[1]，让一路延续到厕所的栏杆不那么让人反感。腰部以上部分则使用具有调湿作用的硅藻土，色彩调成**浅粉色**[2]。

家具使用北美黄杉木材，质地光亮自然，表面还涂上了透明的天然油漆，让木材的纹理更加清晰。

浴室和淋浴间的地板选用温和且触感上佳的深棕色软木瓷砖。墙砖也配合客厅的风格，选用了浅粉色色调。

●积极复健的母亲

客厅和餐厅宽敞大方，每个角落都一览无余。因为随时可以看到母亲的

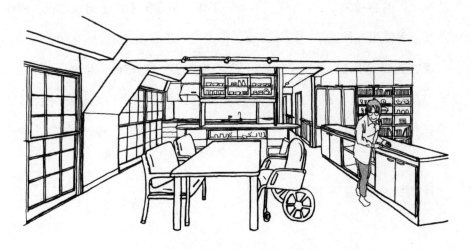

利用客厅和餐厅的带扶手矮桌柜积极复健的母亲

1　参考第 167 页。

2　参考第 135 页。

情况，且**保持合适的距离**，T 女士表示："不像以前那样，两个人一直面对面，令人窒息。""若即若离"的感觉可以给双方彼此的边界感，在护理老人时尤为重要。

为了防寒，我们将面向阳台的落地窗换成双层玻璃，还装上了纸拉门屏风，这样柔和的光线就能透进来。母亲通常在桌前看电视，我们制作了一个**"望天纸拉门"**，这种纸拉门只能打开顶部，可以看到门外广阔的蓝天和白云。

浴缸崭新宽敞，母亲非常喜欢。在 T 女士的帮助下，泡澡时热水可以漫到她的肩膀，她满意极了。

此次改造不仅获得了 T 女士一家人的肯定，还得到护理专业人员的赞赏。来自护理保险服务机构的家庭护理人员喜悦万分地说："改造之后，帮助老奶奶洗澡比以前容易多了。"听说卫生局的工作人员和护工们也前来参观。理疗师还在家里使用这种扶手，指导 T 女士母亲进行步态训练。

现在，母亲比以前更愿意走路了。她自己抓住扶手，努力向前行走。以前跌倒时，她只会趴在地上等待帮助；现在她会单手撑地，再伸长另一只手抓住垂直扶手，尝试自己站起来。无论花多长时间，她都会尝试自己站立。

日常生活就是复健本身。（加部）

美观的扶手：不碍眼

家具兼有扶手功能

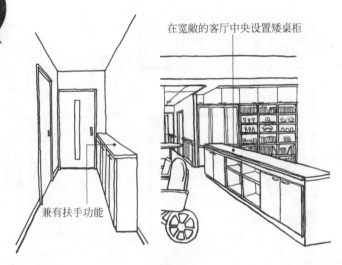

兼有扶手功能

在宽敞的客厅中央设置矮桌柜

设计阶段就考虑到扶手

纵向栅栏

长椅旁设置从地板直达天花板高度的扶手

长椅

配合墙壁，选择材质

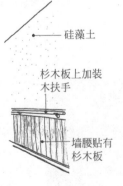

硅藻土

杉木板上加装木扶手

墙腰贴有杉木板

利用凸窗

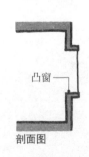

凸窗

剖面图

167

突破工期和经费限制，打造轮椅无障碍住房

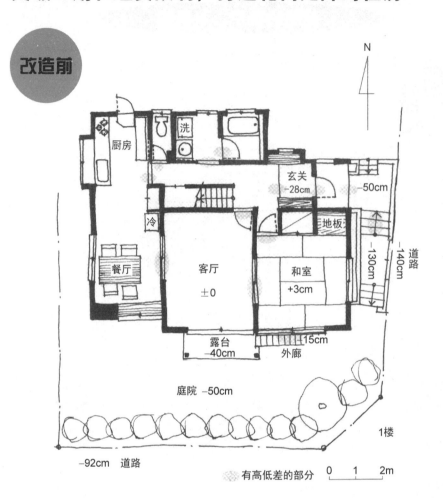

改造前

N

厨房

洗

玄关
-28cm

-50cm

冷

地板

客厅
±0

和室
+3cm

-130cm

-140cm

道路

餐厅

露台
-40cm

-15cm

外廊

庭院 -50cm

-92cm 道路

1楼

⬚ 有高低差的部分   0   1   2m

要点

- Y 先生脑出血病倒后，落下了左半身瘫痪的毛病。改造房子，可以让他归家疗养后也能下地活动。
- 用水区改造注重性价比。
- 设置阳台至道路的平缓楼梯，方便轮椅进出。

适合轮椅

独立住宅

适合病人
或残疾人

预算低
（约420万日元，
外围100万日元、
用水区220万日元、
室内100万日元）

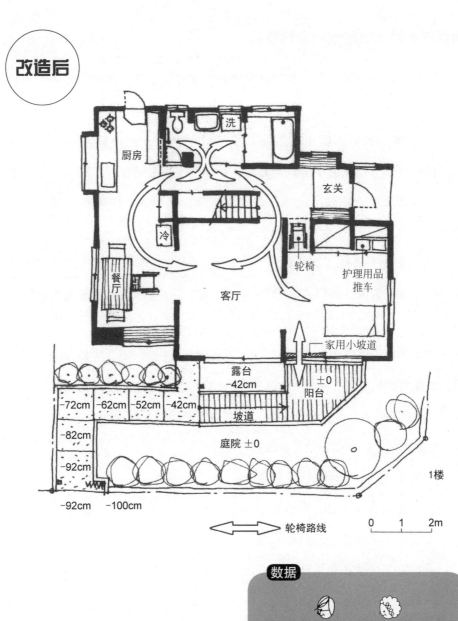

改造后

厨房

洗

玄关

冷

轮椅

护理用品推车

餐厅

客厅

家用小坡道

露台
-42cm

±0
阳台

-72cm -62cm -52cm -42cm

坡道

-82cm

庭院 ±0

-92cm

-92cm -100cm

1楼

⟷ 轮椅路线

0   1   2m

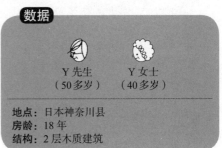

数据

Y 先生
（50多岁）

Y 女士
（40多岁）

地点：日本神奈川县
房龄：18 年
结构：2 层木质建筑

●面向残障人士的改造咨询窗口

我曾经以建筑师的身份参与过区域社会福利协议会组织的"残障人士和老年人家居改造现场咨询"活动。接下来我将介绍当时遇到的一个案例。

55岁的Y先生因脑出血送医，落下了左半身瘫痪和语言障碍的后遗症。虽然他坚持住院治疗了六个多月，并接受了康复治疗，但医生认为他不可能进一步康复，建议他出院。最终他被确定确诊为一级残疾，需要三级护理[1]。

妻子Y女士从市政府的宣传栏上读到一篇小文章，了解到这项咨询服务。于是打电话告诉我们："即使我的丈夫出院了，**在现在的住所也只会卧床不起**。"

于是，我们决定在Y先生出院前，抓紧时间改造房子。这是一项公共服务，工期有时间限制，所以我们只能在见不到本人的情况下先进行改造。还好有医院的理疗师帮忙，他们和我们一起看图纸、加入讨论。

此次改造主要有以下五个目标：

①让Y先生一家的住房更健康更安全。

②发挥Y先生剩余的自理能力。

③提升Y先生独立生活的能力。

④扩大Y先生的生活面积。

⑤减轻Y女士的护理压力。

1　日本厚生劳动省按残疾程度高低，将残疾人证分为七个等级，一级最高，七级最低。护理等级分为八级，最低为一级支援，最高为五级护理。三级护理属于中等偏上的等级，日常起居均需要照顾，步行和站立都需要借助拐杖或轮椅。

具体而言，要让 Y 先生在室内活动时更方便，在厕所和浴室接受护理时更舒适，外出看病等也更轻松便捷。**让护理人员工作时更轻松的家居环境，对于提供长期护理而言十分重要。**

●改造房子，让轮椅可以在家中使用

根据 Y 先生的年龄和症状，医院判定他移动时必须依靠轮椅辅助，这就需要对现有房屋进行大规模改造。

Y 先生的家是一栋两层的木制房屋。1 楼南侧有和室、客厅和餐厅，北侧则是用水区和玄关。2 楼是 Y 夫妇的卧室，以及现在空置的儿童房。房子位于街道拐角处，地面比道路高，因而采光充足，院子里树木生机勃勃。如果不是这次的后遗症，他们甚至可以维持原样一直住十几年甚至二十年。

即使将所有生活区都搬到 1 楼，空间也绰绰有余。不过，1 楼很多地面高低不平。和室比其他地方高 3 厘米，每扇门的底框有 1.5 至 2 厘米高，厕所和浴室都有门槛。这些地方即使不使用轮椅，对于老人、病人等来说也都很危险。门也太窄，轮椅无法通过。

我们将和室、起居室和餐厅的建筑材料都拆除，将地面找平，方便自由进出。厨房的门槛也削去，让进出更顺畅，**另外所有的门也都换成拉门。**

这样，Y 先生就可以坐着轮椅在房子里来回移动了。**行动路线上没有死角**，Y 先生的心情应该会更轻松，也会让康复训练变得稍微愉快一些。

●突破工期和经费限制，打造轮椅无障碍住房

1 个榻榻米大小的厕所面积并不算小，但门是向内开的，2 楼下水管道挤

占了入口的空间，显得很狭窄，保持现状的话很难为 Y 先生提供护理。

因疾病或残疾而进行的改造必须高效进行，不需要花费太多时间和金钱。因为症状往往会随着时间的推移而发生变化，等到改造完成时，可能已经无法使用了。

此次装修，我们保留了厕所的门，拆除了厕所与洗漱间之间的部分墙壁，这样在洗漱间一侧也能使用厕所。我们将厕所、洗漱间和浴室的地面统一到与走廊一样的高度，并将马桶抬高了 5 厘米，使其与地面持平。

Y 先生是左侧瘫痪，所以将轮椅水平停在马桶前，用右手抓住垂直扶手站起来后，转身就能坐在马桶上。只需要有人帮他提裤子和脱裤子，剩余的他自己能独立完成。

我们将洗漱间里的洗脸盆换成方便轮椅使用的款式，并移到新的位置。浴室也改成整体浴室，不仅消除了高差，还能防寒。Y 先生在床上换好衣服、坐上淋浴椅就能直接去浴室，Y 女士一个人就能帮助他淋浴。

拆除厕所与洗漱间之间的墙壁，让护理更轻松

●更好地享受庭院乐趣

房子地势较高，如果从玄关进入，高差达 1.4 米，必须经过一段陡峭的楼梯，轮椅不太可能进入。

如果从玄关背面、院子的边缘进入，道路与房屋地面之间的高度差就不到 1 米。于是我们决定在这一侧修建一个供轮椅通过的出入口。

我们将和室木窗边的外廊改造成一个大阳台，让这里也能连通室外。如果在这里建一个斜坡，至少需要 15 米的长度，那么整个院子都要被占用。打理院子是 Y 女士的业余爱好，院子也是 Y 先生欣赏美景的重要空间。我们希望尽可能保留它泥土的姿态。

于是我们做了一段坡度平缓的台阶，每层台阶像楼梯平台一样宽敞。宽敞又低矮的台阶方便轮椅上下。对坐轮椅的人来说，这也比斜坡更安全。

阳台用途很多，不仅是 Y 女士打扫房间时 Y 先生的"临时避难所"，也

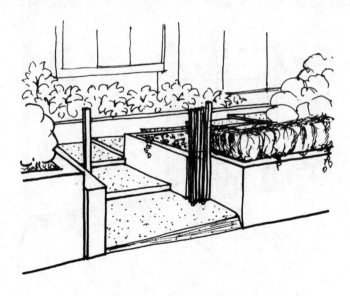

比起缓坡，坡度和缓的台阶更让人放心

是给他理发的地方。Y 先生在这里晒太阳，欣赏花花草草。Y 女士也可以一边晾衣服一边关注 Y 先生的动向，做起家务来轻松安心多了。

● 护理用品的收纳处

一年后，我们上门看望 Y 先生。他已经购买了一份护理保险，加入了保险公司的护理计划。会有护工来帮他入浴，还有护理师上门来帮助他做康复训练。Y 女士的脸上也露出轻松的神情。这次在他出院前紧急进行的改造，似乎达到当初制定的目标。

不过，新生活开始后，又出现了一些新问题。Y 先生一家希望能有一个地方专门存放护理用品，还希望能改进一下 Y 先生房间（改造前为和室）的凹室和壁橱。

我们将凹室和壁橱改造成**护理用品的存放区**。很多装修公司为了防止灰尘进入壁橱，会将壁橱下部加高。我们**不加高**，而是加装一辆**带滑轮的小推**

Y 女士偶尔会在阳台为 Y 先生理发

车，不但方便清洁，还不易聚集灰尘。护理用品很容易被散乱地扔在外面，加装小推车后取放更方便，还可以帮助养成及时收拾的好习惯。

Y先生希望轮椅在不用时可以收起来，于是我们在Y先生房间门的位置做了一个**轮椅存放处**。从走廊和房间两个方向都可以使用这个存放处。

1楼所有区域轮椅都可以自由进出，这让Y先生的生理和心理都轻松了不少。我们在改造住房上下的功夫，让护理人员和被护理者都更加方便、舒适。（今井）

医疗、福祉、建筑界通力合作：为残障人士改造住房

为残障人士改造住房通常时间紧、工期短，最好组建一个由医疗、福祉和建筑专业人员组成的团队，共同进行房屋改造。

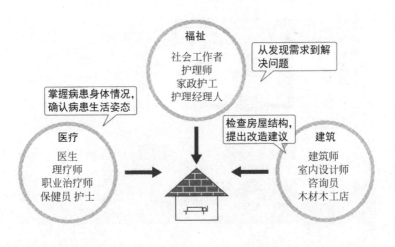

不喜欢住房像医院，巧用小妙招实现轮椅无障碍

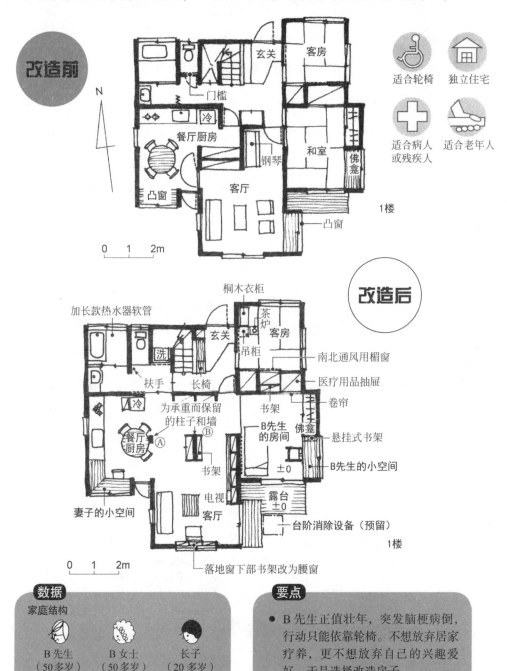

改造前

N

玄关
客房
门槛
冷
餐厅厨房
钢琴
和室
佛龛
凸窗
客厅
凸窗
1楼

0 1 2m

适合轮椅　独立住宅

适合病人
或残疾人　适合老年人

改造后

加长款热水器软管
桐木衣柜
茶炉
玄关
客房
洗
吊柜
扶手
长椅
南北通风用楣窗
医疗用品抽屉
冷
书架
卷帘
为承重而保留
的柱子和墙
B
A
餐厅
厨房
B先生
的房间
佛龛
悬挂式书架
书架
±0
B先生的小空间
妻子的小空间
电视
客厅
露台
±0
台阶消除设备（预留）
落地窗下部书架改为腰窗

1楼

0 1 2m

数据

家庭结构

B先生
（50多岁）

B女士
（50多岁）

长子
（20多岁）

地点：日本神奈川县
房龄：18年
结构：2层木质建筑

要点

- B先生正值壮年，突发脑梗病倒，行动只能依靠轮椅。不想放弃居家疗养，更不想放弃自己的兴趣爱好，于是选择改造房子。
- 想办法让B夫妇都能愉快生活。

●病来如山倒

B先生是一名普通的工薪族，生活忙碌而充实。B女士在抚育孩子长大成人、照顾完婆婆终老之后，现在终于有了自己的闲暇时间。平时要么根据自己的兴趣爱好做点儿事情，要么出去运动，或者和朋友交际，生活过得有滋有味。

然而有一天，B先生突发脑梗，虽然生命没有危险，却落下了右半身瘫痪和语言障碍的后遗症，同时还伴有吞咽困难的症状。医生起初断定他很难离开医院回家疗养。

B先生正值壮年，但是躺在医院里做不了自己想做的事，也没有什么隐私，这样的生活让他难以忍受。他暗下决心，无论如何都要想办法回家，于是努力进行康复治疗。

经过他的不懈努力，医生终于判定他可以回家疗养，允许他出院。B女士也掌握了各项护理的方法和要领。现在就只剩下如何把家改造得适合他居住了。

●让退休后的生活更轻松

B先生虽然抓住扶手能勉强走上几步，但移动时基本上还是**靠轮椅**。最终我们决定将房屋改造成方便轮椅进出的无障碍模式，但B先生**希望不要改成医院的样子**。

B先生生病前，这对夫妇就一直在考虑，孩子们各自独立生活后，要不要改造一下房子。所以，这次改造除了让房屋可以方便轮椅通行之外，还想让未来的生活更加轻松舒适。

●将各个房间连起来

B 夫妇非常注重隐私的保护，这在日本人中很少见。他们虽然三代人同住，但是分别住在不同的房间。

B 夫妇一直高效地使用着这套房子，但由于家庭成员减少，现在有的房间闲置了。另外，考虑到今后的护理问题，隔断式的独立房间让他们无法了解对方的状态，很可能会给他们带来不便。

以前，每个房间功能各异，房间之间通过走廊相互连接。今后要**让房间与房间直接连在一起，功能互通**，让整个空间更宽敞。

●注意建筑强度

我们将餐厅厨房与客厅之间的墙和门拆除，合并成一个房间，将客厅旁边已故母亲的房间改造成 B 先生的房间。

客厅和 B 先生的房间用一扇一室宽的推拉门隔开，这样 B 女士在厨房工作时，也能看到 B 先生的情况。当然，推拉门关闭后，隐私可以得到充分保护。

在打通房间时，我们没有将墙壁完全拆除，而是保留了**房屋结构上必需的柱子和墙壁**，想办法将它们有效利用。另外还在柱子（第 176 页户型平面图中的Ⓐ处）上安装了门铃对讲和开关，在墙壁（Ⓑ处）的两侧安装上固定家具，不让墙柱成为阻碍。

在打通房间或扩大房屋开口处时，往往会出现拆除重要的柱子和墙壁而影响建筑强度的情况。改造工程期间必须小心谨慎，确保墙壁等数量不会被削减太多，否则很容易白忙活一场。

●单行道也可以

可能很多人认为，家中如果使用轮椅，就必须拓宽走廊。其实如果有足够的空间转弯和掉头，就可以不做太大的改动。即使没有足够宽的空间容纳人和轮椅同时通过，但凡有条路线能让轮椅绕一圈，也勉强可以。

考虑到 B 先生站不稳，或许会经常磕碰到家具，另外地震时家具倒塌也让人担忧，因此所有家具我们都嵌入墙内，做成固定式的家具。

我们想办法将物品放在 B 先生坐在轮椅上就能轻松拿到的范围内，还在下部设计了易拿取的抽屉。这样，书籍和录像带就可以不借助他人之手而轻松取出。

●丈夫的书房区

B 先生平时太忙，没有时间使用 2 楼的书房。他原本打算退休后把想读的书读个够，再看看自己一直录制的录像带，撰写历史学相关的文章。这次我们把他的房间挪到 1 楼，他希望把书房也一起挪下来。

客厅的收纳：书和录像带在下面的抽屉里，坐在轮椅上就能拿到

于是，我们在原来放佛龛的凹室里开辟了一个书房区。里面有一张**坐在轮椅上就能使用的书桌**，桌子**左手边有抽屉组合**，还有一个小书架。佛龛则移到经过部分改造后的衣柜区。

书桌前方有一面内置百叶窗的窗扇。窗户外的人看不到里面的情况，但里面的人可以通过调节百叶窗，看到街上行走的人和对面人家种的树，久看电脑后疲惫的眼睛能借此得到休息。

至于 B 先生房间的地板，我们使用了**软木砖**，并在下面铺设了地暖[1]。房间的露台与客厅的露台相连，可以从外面绕进来。我们希望他能尽可能多地呼吸室外的新鲜空气，多亲近院子里的一草一木。

为了 B 先生将来可以从露台坐轮椅外出，我们还预留了空间，方便届时可以在露台的一角安装**台阶消除装置**。

●妻子的缝纫区

B 女士喜欢做手工，为了方便她在做家务和照顾 B 先生的空隙做一些缝

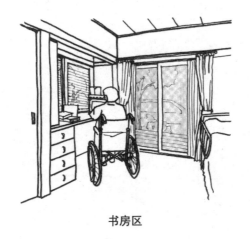

书房区

1　参考第 69 页。

纫，我们为她设计了一个区域可以摆放缝纫机和布料，不用着急收拾。

厨房原来是面朝墙的，现在我们将它移到有窗户的墙边，让 B 女士可以享受烹饪的乐趣。水槽的台面也延伸到与南侧的凸窗相连，构建出一个缝纫区。B 女士坐在这里缝纫，偶尔抬头看看院子里的花花草草，可以放松心情。

退休后，夫妻俩整天待在一起也会腻，通常会需要一个彼此独处的空间。但是，如果像 B 夫妇一样，有一方需要一直有人照看，那么在能看到对方的范围内，建立一个自己专属的角落就可以了。在喜欢的角落里做喜欢的事情时，甚至会忘记身有残疾这回事。

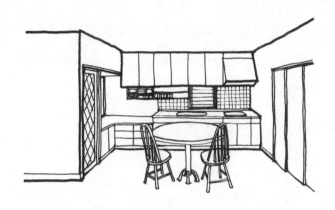

厨房移到有窗户一侧的墙边

B 女士在缝纫区一边欣赏院子美景，一边做缝纫

●不拓宽用水区也能用

浴室有 1 坪大，足够宽敞，但有一个台阶。厕所也有一个门槛。我们决定将整个用水区的地面找平。

我们提高了浴室的地面高度，让它与洗漱间一致，并安装了**三扇内嵌式推拉门**。这样，轮椅就可以进入浴室，也可以在洗漱间里掉头。

B 先生只有在有人护理时才会进浴缸泡澡，平时多是淋浴。**热水器软管**通常只有 1.5 米长，我们特意为他定制了一根更长的软管，方便他不转身直接清洗背部。**扶手**还兼用作**毛巾架**，设计得很人性化。

我们将洗漱间的洗脸盆换成可供轮椅使用的形式，风琴式窗帘也拆除了，整个空间更加清爽整洁。我们还在楼梯跟前安装了一个折叠门将用水区隔开，这样从客厅到洗漱间就不用再经过走廊。

使用卫生间时，B 先生坐着轮椅到卫生间前，扶着门口的垂直扶手起身。

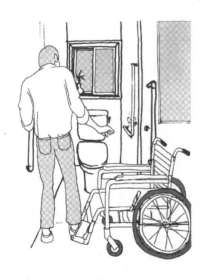

在卫生间前下轮椅，站着小便

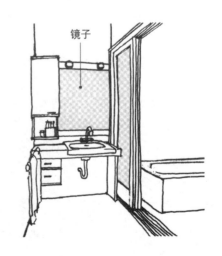

找平洗漱间和浴室的地面高度

拉开拉门，在找平的地板上走一两步，**靠在墙上获得支撑**后再小便。据说**狭窄的房间反而会让残障人士更有安全感。**

拉门全打开，可以和墙壁等宽，B 先生在需要帮助时可以这么做。厕所前面有一扇通往客厅的推拉门，打开后轮椅可以顺利掉头。

●让玄关更美好更实用

玄关是房屋与外界的接点，会影响访客对房屋的第一印象。B 先生说，他不希望自家房子被改造成仿佛玄关上写着"此住宅为残疾人专用"的样子。

如果想要坐着轮椅从玄关出门，就必须在玄关安装一个坡道或相应的装置。不过 B 先生的外出仅限去医院，所以应该并不需要。他只需在玄关下轮椅、坐进车里，到了医院再借一辆轮椅即可。

停车位就在 B 先生房间外的露台前，我们已经预留了位置，随时可以安装台阶升降机。很可能最终 B 先生将来会从露台进出。

玄关的鞋柜储物能力不足，而且全身用力压上去时会略微不稳，因此我们决定改造为固定式的。但如果整面墙都建成鞋柜，就会导致压迫感太强，因此我们分了三种不同的高度来设计。

最高的一直延伸到天花板，可以存放很多鞋子；第二高的有 80 厘米，可以兼用作扶手；最低的只有 30 厘米高，可以坐在上面穿鞋或脱鞋。

●未来生活图景

改造结束两年后，B 先生给我们打电话，邀请我们去回访。B 先生的病情已经稳定，两个人都已经习惯了现在的生活方式。

B 先生刚出院时，B 女士总担心有个万一，于是一直睡在 B 先生房间的壁橱里。现在她已经可以在楼上的卧室安稳地休息了。以前她担心得不敢长时间外出，现在也不必担心了。

这次他们还想把以前改造时没完成的地方再修整一下。B 先生有很多想放在手边的书，于是我们把 B 女士以前睡觉的壁橱改造了一下，用来放书和医疗用品。

与 B 先生的房间一榀窗之隔，有一间 4 个榻榻米大小的和室。我们在榻榻米上开了一个放茶炉的小口，并在角落里装了个架子，这样和室也可以被用作茶室。

2 楼的书房改成储藏室，玄关上方的跃层里加装了一个可兼作扶手的书架，B 女士在这里看书休闲。这次都是些小改动，是他们在**居住了一段时间之后才发现的新需求**。

随着年龄的增长和家庭的变化，他们将来可能还会有其他各种需求。例如，更换榻榻米的同时顺便加一个茶炉区。这样的小改造也能让他们的生活更加惬意和充实。（今井）

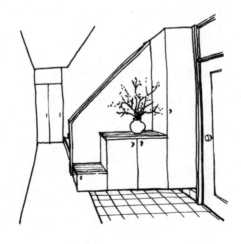

玄关的三段式收纳

轮椅路线规划：走廊窄一点也没关系

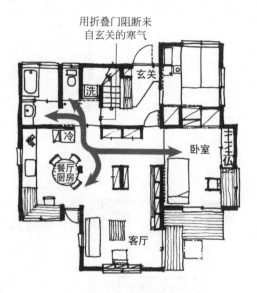

从房间直接到房间

用折叠门阻断来自玄关的寒气

玄关

洗

冷

卧室

餐厅厨房

客厅

通常走廊又冷又窄，将房间与房间直接打通，避免路过走廊

加宽房间出入口

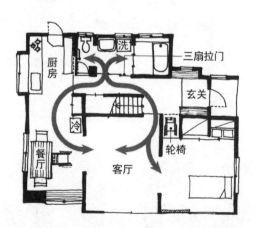

厨房

洗

三扇拉门

玄关

冷

餐

轮椅

客厅

无法保证走廊宽度时，可将各个房间的出入口加宽至 1m 以上，
这样轮椅就可以在室内掉头

靠轮椅生活的母亲独自留守家中，改造房子方便她做饭洗衣

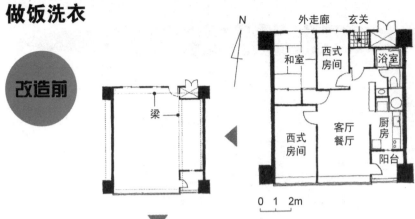

改造前

梁

N

外走廊　玄关

和室　西式房间　浴室

西式房间　客厅餐厅　厨房　阳台

0　1　2m

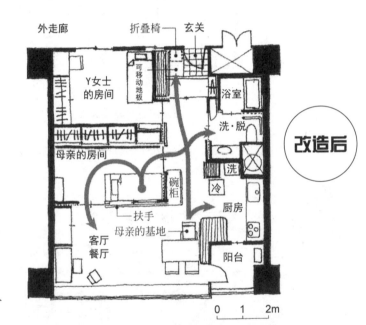

外走廊　折叠椅　玄关

Y女士的房间

可移动地板

浴室

洗·脱

母亲的房间

洗　冷

厨房

碗柜

客厅餐厅

扶手

母亲的基地

阳台

改造后

0　1　2m

适合轮椅

独立住宅

骨架式改造

适合病人或残疾人

适合老年人

数据

家庭结构

Y女士
（30多岁）

母亲
（60多岁）

地点：日本神奈川县
房龄：23 年
结构：26 层钢筋混凝土楼房的 3 楼

要点

- 母亲因脑出血突然病倒，须紧急改造房子，方便母亲扶墙或坐轮椅。
- 换了一套电梯公寓，并进行骨架式改造。
- 让母亲能够继续愉快地独立生活。

一个人就算每天看起来很健康，也可能会因脑出血等原因突然倒下。如果只能依靠轮椅或拐杖生活，那么改造房间就很必要。不改造就很可能无法继续独立生活。

Y女士与母亲住在一起。一天，母亲外出购物回家后突然晕倒在玄关。虽然侥幸活了下来，但也落下了右半身瘫痪的后遗症。

Y女士白天上班，无法一直陪在母亲身边照顾她。她需要在母亲出院前改造好房子，方便母亲白天可以独自在家。改造的工期大约为三个月。

此前她们一直住在一栋没有电梯的公寓的3楼，现在急急忙忙搬到一栋带电梯的公寓，并决定开始重新装修。

改造工程之初，我们还不知道Y女士母亲的病后生活是借助扶手还是使用轮椅。

●让母亲可以独立生活

新公寓离车站和医院都很近，房间宽敞，视野也很好，但房屋布局却不尽如人意。需要改进的地方很多，其中最大的问题是厕所和母亲卧室的位置关系。

一般而言，如果一个人只在洗澡和吃饭时需要帮助，她就基本可以独立自主生活；但如果上厕所也需要帮助，那么独立生活就很困难。**独自上厕所**是独立生活的终极难关。

现有的房屋布局下，不管把哪个房间当作卧室，去厕所都很困难。不仅如此，洗漱间、浴室和玄关都需要改进。如果要使用轮椅就太狭窄，借助扶手步行也很困难。因此，我们决定只保留基本的混凝土框架，对房子整体进行**骨架式改造**[1]，重新布局。

1　参考第52页注释。

我们的目标是要让 Y 女士的母亲过上独立且舒适的生活。我们**向理疗师详细询问**[1]了 Y 女士母亲出院后的身体状况和恢复能力，也向 Y 女士确认了母亲日常生活习惯的相关问题。

●在客厅和餐厅打造母亲的"基地"

客厅和餐厅是母亲待得最久的地方，我们将其设在南侧，与整个房屋等宽，并简化了客厅至卧室、用水区和厕所的路线。

母亲未来的病情难以预料，我们只能先做好准备，让她**无论是坐轮椅还是借助扶手**都能舒适生活。我们没有对室内进一步细分，而是加宽了通道的进出口，将推拉门轻量化，并且在行动路线上设置了连续的扶手。

关于母亲长期停留的地方如何设计，我们与 Y 女士进行了反复细致的讨论。设计一款与餐桌融为一体的"碗柜桌台"便是方案之一。我们为 Y 女士的母亲选择了一个座位，坐在这里可以通过窗口清楚地看到高层公寓和车站上空的云彩。我们把这里称作母亲的"**基地**"。母亲大部分的时间都将生活在室内，因此能看到外面的景色非常重要。

以这个座位为中心，我们对周围触手可及的区域进行了细致的规划。餐具、微波炉和电热水壶的摆放方式

设在餐厅的母亲的"基地"

1　参考第 175 页。

以方便使用为主。为了方便轮椅掉头，我们将桌台下面的区域空了出来。

另外，我们还将基地与玄关设计在同一条直线上，这样每天去玄关取送上门的午餐就便捷很多。我们还在玄关的外地面上铺设了可升降地板，抬起来后，整个外地面变平，可以直达门口。

●母亲的卧室

Y女士母亲的卧室最终确定在靠近厕所且与Y女士的房间相邻的地方。采光主要靠开在客厅一侧的**纸拉门**，通过这扇门，母亲还能感知到身在客厅和餐厅的**Y女士的气息**[1]。

如果Y女士的母亲半身瘫痪，最终只能靠抓扶手挪步移动，那么选择需要转弯掉头的行动路线就不方便了。因此，我们选用了可单方向绕行一圈的**"回游型"**路线系统，并设置了**两个出入口**。

我们用整面墙做了一个衣柜，外门是一个**轻巧的双槽推拉门**[2]，拉开后里

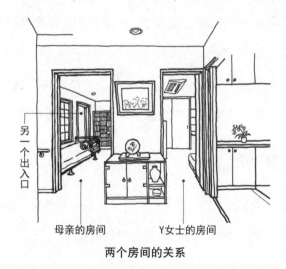

另一个出入口

母亲的房间　　　　Y女士的房间

两个房间的关系

1 参考第124页。
2 参考第192页。

面的东西一览无余。物品都集中在触手可及的高度，这样母亲就可以自己取放衣服等物品。

考虑到 Y 女士未来可能需要半夜进出房间护理母亲，因此 Y 女士与母亲房间之间的隔断墙有一部分我们只用螺钉简单固定，方便她未来轻松拆卸。

●设计要考虑到被护理者的身体情况

我们将厕所与洗漱间合二为一，并根据母亲的身体情况安装了扶手。受到管道配置的限制，马桶的位置无法更换。所幸正好赶上一种新款的紧凑型马桶上市，我们果断选择了它。这样一来，空间变得更宽敞了。利用新腾出的空间，我们更换了一个更大的整体浴室。

整体浴室也选用了入口高差更小的新产品。最近现货家具的发展日新月异。

所有房间的出入口都采用**推拉门**，储物区则使用**双槽推拉门**。**照明器具的开关和可视门铃**也设计成便于操作的形状，并安装在触手可及的地方。

整个空间的色彩搭配以暖色调为主，追求**柔和、温暖和平静**[1]。墙壁和天花板都铺上含碎木屑的壁纸，并涂上灰白色的天然涂料。固定家具和出入门都采用木纹明显的染色木材。这种纸质材料的壁纸可以多次重复涂刷，即使弄脏也不必担心，而且未来还可以重新涂刷成 Y 女士喜欢的其他颜色。

●母亲比预想更给力

竣工半年后，我们对 Y 女士一家进行了回访。Y 女士的母亲已经在使用轮椅了，她的新生活围绕着碗柜桌台旁的基地开始了。

1　参考第 135 页。

Y 女士的母亲坐在轮椅上就能从冰箱里拿出预制菜，用最近刚恢复了一点活动能力的右手放入微波炉里加热。虽然动作比较缓慢，但她已经能流畅地完成下面一系列的动作：从橱柜中拿出碗碟，从桌台下拿出茶叶罐，从桌边的壶中倒出热水。

设计时，由于 Y 女士担心母亲用火会有危险，所以厨房没有为使用轮椅进行改造。但令人意外的是，母亲出院后竟依然能烧一手好饭。而且洗衣机离基地很近，她甚至还开始洗衣服。衣服晾在客厅，母亲在基地里把它们叠好。Y 女士说："我妈既做饭又洗衣，帮了我大忙。我现在很依赖我妈。"房子与母亲十分匹配，这进一步激发了母亲的潜能。基地建成后，几乎所有事情都可以在 2 米范围内完成。自己去厕所自然也不在话下。

最近，在 Y 女士母亲自己的努力下，瘫痪的身体已开始逐渐恢复。Y 女士现在也有时间了，每周末母女俩会一起做蛋糕、喝茶。

Y 女士告诉我她的感触："要是在以前的老房子里，我们肯定过不上这样的生活。房子又小，还到处都是台阶，轮椅根本没法用。别说厨房，我妈肯定连自己上厕所都做不到。这栋新房子真的帮了我大忙。"到这时，我才终于感觉到自己真正完成了这项工作。（加部）

母亲的"基地"

无障碍衣柜：方便扶墙挪步和轮椅

　　坐在轮椅上很难够到高处。如果定制一个衣柜，把东西收放在坐着就能够到的地方，就会很方便。不管是护理者还是被护理者，用起来都更轻松。

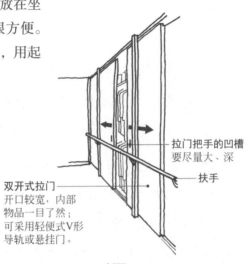

拉门把手的凹槽
要尽量大、深

扶手

双开式拉门
开口较宽，内部
物品一目了然；
可采用轻便式V形
导轨或悬挂门。

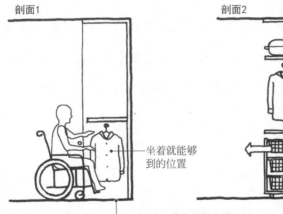

剖面1

坐着就能够
到的位置

地板高度与室内齐平
如果采用与室内同样的建
筑材料和底板，就不用担
心承担体重后会凹陷。

剖面2

带车轮的小推车
放护理用品（毛巾、纸巾、纸尿裤）
很方便。更换纸尿裤时，护理人员
可以将小推车移动到床边使用。

第**7**章

常有访客光临的住宅：
退休后邀请客人来访

　　上了年纪后，出门日渐困难。但如果一直窝在家中，大脑和四肢就只会越来越衰弱。因此，我们建议老年人的住宅应建得更开放。

　　本章将介绍几个相关案例。这当中既包括让自己出门和客人到访都方便的小妙招，也包括在访客众多的环境下保证隐私不被侵犯的小诀窍。

方便客人做客的玄关

●退休后招待客人来家里的机会增多

60多岁的 M 夫妇身体硬朗，健康状况不输年轻人。他们房龄三十年的老房子也同样坚固可靠，既不漏水，也没什么特别的损伤。不过，退休之后，他们开始觉得有必要为各自开辟一个专属区域。

夫妇两人都很健康，看起来根本不像60多岁的人，但看到身边的人陆续衰老生病，他们还是觉得应该提前规划一下老后的生活。于是他们决定改造自己的房子，在保证长期安全居住的前提下，尽量让房子能够适应家庭和身体发生的变化。

夫妇两人退休前，因为工作经常四处走动，与人会面也大都在自家以外

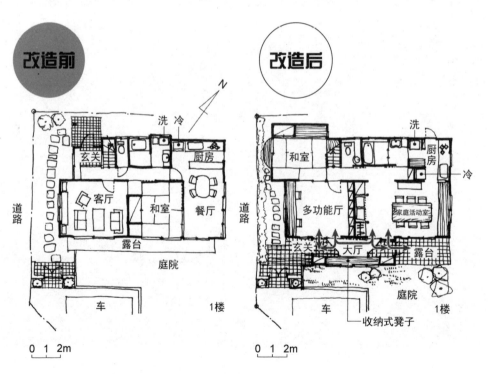

的地方。退休后，他们明显感觉到需要有更多的机会在家里接待客人了。社区聚会也是一样，比起大老远跑出去，还不如在某个人的家里聚。M夫妇两人社会关系广，想做的事情也多，所以我们决定把他们的房子改造成一个方便邀请别人来家里做客的地方。

●玄关是家与社会的接点

我觉得，老年人住房应该既是无障碍的，也是与外界相连的。幼儿和老人的活动范围有限，他们的生活不可避免地要以家为中心，但也需要与社区和社会建立紧密联系。

在对M家的住房改造中，我们把原来隐蔽的玄关移到一个紧挨街道、容易出入的地方，让玄关成为"内"与"外"的接点。为了让客人可以轻松随性地进门，不用脱鞋就能落座畅谈，我们拆掉了原来的老式窗廊和走廊，改造为一条带储物区的长凳。同时，这里也是连接住房中"开放空间"与"私密空间"的通道。

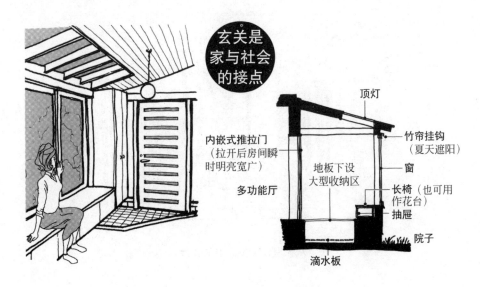

玄关是家与社会的接点

顶灯
内嵌式推拉门（拉开后房间瞬时明亮宽广）
竹帘挂钩（夏天遮阳）
地板下设大型收纳区
窗
多功能厅
长椅（也可用作花台）
抽屉
院子
滴水板

玄关大厅与家庭活动室相连，M夫妇可以在家庭活动室的落地窗外放置凉鞋，这样随时都能进入院子。

●不宅在自己的房间

客厅原本与玄关仅一门之隔，现在被我们改造成一个具有"信息基地"性质的多功能厅。厅内一整面墙被改造成书架，电话、传真机和电脑等也都在房间内。后来，该房间的使用率非常高，夫妻俩有时并肩坐在电脑边工作，有时在这里看书或接待客人，社区聚会也在这间房里举行。

如果两人都经常在家，通常会希望家中有自己的私人房间。但是M夫妇没有这么做，他们决定按功能来分配房间。

如果儿童或老人的房间里所有设施都一应俱全，很容易让人"宅"在其中，毕竟所有事情都可以在这一个房间里完成。按照功能来分配房间后，两个人有时在一起，有时因为做的事不同又会分开，生活方式更加多样化。（今井）

从家庭活动室到玄关大厅

不宅居家中

●开始独居生活

K女士十多年前与丈夫离婚，一个人成功将三个孩子抚养长大。

孩子们独立成人后，她没有等到退休就辞去了工作。以前，她为了孩子们的未来一直努力工作，但从现在起，她想把时间都留给自己，去学习，去旅游。不过毕竟只能靠退休补助和养老金过日子，也没法太奢侈。

K女士的房子只有十四年房龄，完全没有破损，但她还是想在有钱有精力的时候先对它进行维护。抱着"未来一个人也能安心生活"的想法，K女士决定改造房子。

子女及其家人经常来看望她，拜托她帮忙照顾孙辈。但随着孙辈年龄的增长，各自的生活变得繁忙，他们来的次数可能会减少。不善于社交的K女士担心自己最终会变得孤僻，决定建一个向外的开放式房间。这样即使她不主动出门，大家也可以来家里看望她。

●当地人可自由使用的"茶室"

K女士想建一个可供当地人随心使用的"茶室"。

于是，我们把约7个半榻榻米大小的车库兼储藏室清理出来，装上地板，并用落地窗和风窗替换了卷帘门。小窗的内侧没有装护窗板，换成一扇拉门，还在室内铺设了地暖。这样，房间的隔热和隔音效果都有保证。落地窗是这个房间的出入口，只需在门口轻轻一瞥就能轻易看到里面。

我们还把隔壁的餐厅和厨房与这个房间连了起来。厨房套组换成轻量版产品，还拆除了部分墙壁，装上了一扇内嵌式推拉门，用以连接两个房间。有人在这里聚会时，可以在隔壁的厨房里准备茶水。

房间连起来后，一个宽敞的客厅兼餐厅厨房诞生了。房间的采光和通风都很好，让人十分舒适惬意。据说 K 女士还能听到孙辈在屋内欢快玩耍的声音。

目前，这里只用于朋友聚会，但 K 女士向我们描述了她的愿景。"我希望它最终会变成一个谁都可以来坐坐的茶室。"社区里有几间这样的房子，居民们会很高兴，他们的晚年生活也会因此更丰富多彩、更安全安心。（今井）

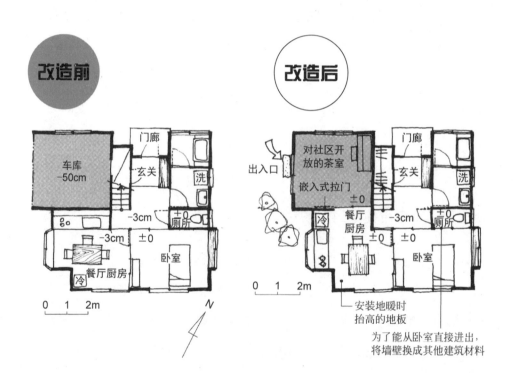

商住一体房也可以住得舒服

●工作上的客户会进出的住宅

工作地就在自己家，有很多方便之处，可是也有很多不便之处，例如隐私问题等。K 先生在自家院子建了一间办公室，算一算办公室也已经有二十年历史了。K 先生不仅性格好、能力强，还十分重视与邻里以及亲戚的交往，所以公司一直发展得不错。

K 先生一家共有七个家庭成员：K 夫妇、三个女儿、一条爱犬，以及正在住院的老母亲。他们的房子建在郊区一片宽阔的土地上，是父母建造的一栋两层高钢筋混凝土楼房。为了提前准备母亲出院后的生活，他们匆忙决定改造房子。

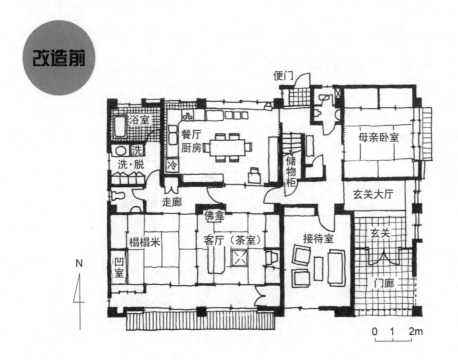

虽然办公室在院子里，但住房的接待室常常被用来和客户开会，所以常有外人出入。繁忙时，甚至连面向院子的里屋也被用作客户的等候室。

里屋旁边的和室是家人们聚会时用的客厅茶室。如果家人们聚在一起看电视时，拉门的另一侧还有其他人，就总会有些不自在。所以他们只能选择挪去餐厅和厨房，但餐厅和厨房都在房子的北面，非常寒冷。

●分清公私，生活更舒适

一直以来，日本的房子都更注重接待客人，家庭成员自己的居住舒适度反而被忽视了。房屋的布局总是优先考虑客厅和玄关的位置。K 先生的房子就是这样。客厅面朝院子，位置很好；而厨房则位于房子的背面（北侧），采光很差。厨房离洗衣房和浴室也很远，做家务很不方便。

实地考察后我们认为，这套房子的问题主要有两点：房屋布局过于重视客厅；私人区域和工作区域混杂在一起。因此，如何明确区分工作区域和私人区域，且不受形态束缚，将房子重建成一个舒适的家庭住宅，是我们要面对的挑战。

人们聚会时用的客厅茶室

●让家人们使用客厅餐厅厨房时更舒适

我们将餐厅厨房和起居室合并，配置在明亮温暖的南侧。接待客人用的客厅被移到北面。即便如此，客厅仍然与家人们生活的起居室相连。因此我们在两个房间之间设置了一条走廊，营造出一个缓冲空间。没有客人时，走廊可以作为起居室的延伸来使用。走廊与起居室之间由一扇与天花板等高的悬挂门隔开，地板上没有轨道。当悬挂门拉开时，走廊与起居室融为一体。另外，厨房设计在通往浴室和洗漱间的路线上，可以减轻家务量。

●私交客人也能从院子来访

新的起居室、餐厅和厨房面朝郁郁葱葱的院子，在这里可以欣赏到四季的变化。院子里设置了外廊，一草一木与房屋更加亲近。住在附近的亲戚可

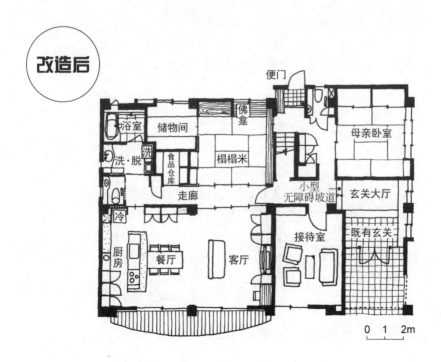

以坐在外廊上喝茶。现在，不仅是工作上的客户，私交的客人也可以轻松来访。另外，还可以从院子里的办公室看到家人的样子。

K 先生的工作越来越忙，接待室和客厅的使用率也越来越高。他的家人现在完全不用在意外人了，因为他们可以在温暖的起居室和餐厅愉快生活。K 女士和女儿们也经常在这里谈笑风生，其乐融融。（加部）

拉开悬挂门，走廊也可纳入起居室范围内

工作上的客户来访也不会妨碍家人们在客厅餐厅厨房内活动

202

第 **8** 章

宠物乐享其中的住宅：
稍下功夫让宠物也能住得舒心

宠物是非常可爱的家庭成员。但是家里养了宠物后，照顾和清扫都很麻烦。您是否已经自暴自弃了，觉得"只要家里有动物，这就是没办法的事"？其实，只要对房屋稍加改造，事情就会变得轻松许多。

本章将介绍一些案例，解释如何让因房间狭小而焦虑不满的猫咪和被关在玄关看守家门的狗狗过上舒适又活泼的日子。

让宠物猫们过得舒服

●一对夫妇与 6 只猫的生活

越来越多的人与宠物生活在一起。我猜这也许是因为与宠物接触能疗愈心灵，让人变得平静温和。

Y 夫妇都是教师。他们没有孩子，但已经和猫一起生活了八年。起初，他们打算只养一只，所以给捡到的流浪猫取名为"小一"。没想到养着养着，越发觉得猫咪可爱了，于是每每遇到被遗弃的猫时，就不忍心放任不管。现在他们家已经有 6 只猫了。

Y 夫妇九年前买下的这套三室一厅的房子，三个房间都朝南，采光很好。但是，因为养了猫，房子出现了很大程度的破损。

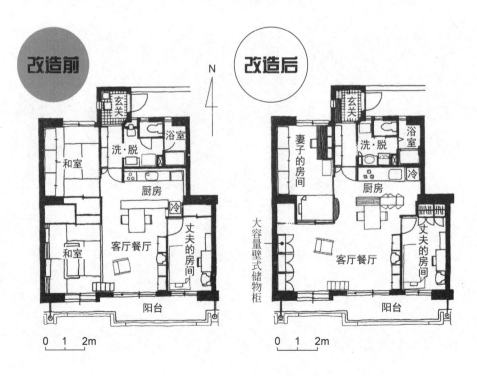

●打扫卫生很辛苦

和室与客厅相邻,入口的纸拉门一直敞开,Y 夫妇和他们的 6 只猫在这里休息。

Y 先生的原则是:不对猫的活动做任何限制。猫咪们自己或许也明白这一点,所以一直过着自由自在的生活。纸拉门被它们挠破,地板也被抓得到处是伤,室内装潢一片狼藉。地毯上沾满了掉下的猫毛和它们玩毛球时吐出的污渍,很难清理。

Y 夫妇喜欢猫,但养 6 只猫确实负担不轻。需要随时清理地板上的大小便,即使擦干净了也会留下污渍。而且家具和杂物散乱得到处都是,这似乎也给猫咪们带来了压力。

理论上讲,人类不会感觉到压力的环境,对于猫咪而言压力也不会太大。因此,我们决定将猫咪们生活的客厅餐厅区域改造成既宽敞又易于清洁的结构。

●宽敞的客厅餐厅和厨房

我们将旁边的和室也纳入客厅和餐厅之内,构建了一个 17 个榻榻米大小的房间。我们希望房间尽可能简单整洁,这样猫咪们就可以生活得很舒适。于是在现有衣柜对面的墙壁上,设置了一个设计相同的大容量壁式储物柜。

猫喜欢高处。Y 先生为猫咪搭建了一座高空天桥,充分利用了天花板附近的空间。厨房原本只有一个出入口,现在改成回游式,可以从多个方向进出,这样猫和人的行动范围都自由了许多。或许是因为空间变宽后运动量有所增加，猫咪们更放松了。

空间变宽后，配套的防寒措施必不可少。因此我们安装了地暖。选择了具有防水功能的木地板，脏了可以很快擦拭干净。这样也减轻了居住在里面的人的压力。

Y先生很高兴地说："所有的杂物都收拾好了，住起来很舒服。只需要摆上喜欢的家具，就能营造出一个舒适的客厅。"

●在卧室也和猫一起

这次改造，我们还为Y女士新建了一个房间，只用一扇纸拉门与客厅餐厅隔开。这样即使在自己的房间里，也能知道猫咪们的大概情况。这扇纸拉门用树脂加固，不用担心会被猫弄坏。

另外，我们还在出入口宽大的拉门上设计了一个菱形洞口，洞的大小以最胖的那只猫"小一"为准，这样所有的猫都能随时进入。Y先生的房间和

客厅餐厅

厕所门上我们也设置了同样的洞。这样，猫咪就可以随时去任何地方，可以说是"无障碍"。

壁橱和南侧和室的储物空间拆掉后，腾出一个小型双人床大小的空间。白天 Y 女士不在时，猫咪在这里打盹；晚上 Y 女士回来后，在这里和猫咪一起休息。（加部）

人和猫住起来都很舒适

为狗狗在玄关打造专属区域

●双职工家庭的烦恼

H 夫妇两人都有工作，回家后家中浑浊的空气和被关在狭窄玄关的可怜小狗，让他们忧心不已。

H 夫妇这套房由父母和兄弟姐妹共用，共有三户人住在里面，改造时不能只考虑自己的想法。在讨论了完全不能妥协的重要事项后，我们确定通风和隔音问题、狗狗的生活环境问题亟待解决。这些讨论最后也会影响他们自己的生活规划。

●改造成通风好的房子

H 家分到的空间是 1 楼的一部分和 2 楼的一半。1 楼有玄关、用水区和餐

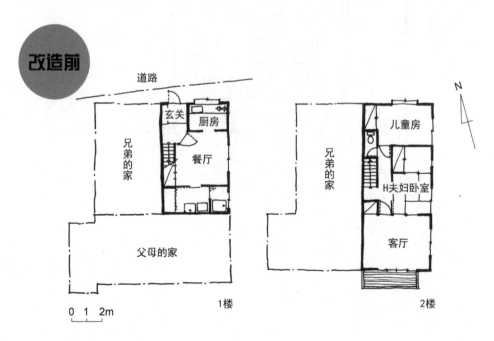

改造前

1楼

2楼

0 1 2m

厅厨房，2 楼则是客厅、卧室和晾衣间。

特别是 1 楼，只有紧邻道路的北侧和紧挨邻居的东侧有开口，阴暗不通风，很不宜居。此外，做家务的地方离与家人团聚的地方太远，这也加重了居住者的压力。

因此，我们决定将餐厅和厨房搬到 2 楼。2 楼的客厅南面有个很宽的开口，可以用作餐厅。再加装一扇玻璃推拉门，与楼梯和走廊之间相连，扩充餐厅的宽度。

客厅下面是 H 先生父母的卧室。为了不影响父母休息，我们在现有的地板上铺设了地暖板，又在上面铺了一层软木地砖，并在楼下的天花板内安装了隔热材料，达到隔音的效果。

●狗狗的生活也考虑在内

南面的院子属于父母，H 先生专用的院子仅限玄关附近。虽然他一回家就去遛狗，把狗拴在玄关前，但是当家里没人时，狗狗只能被关在玄关门口

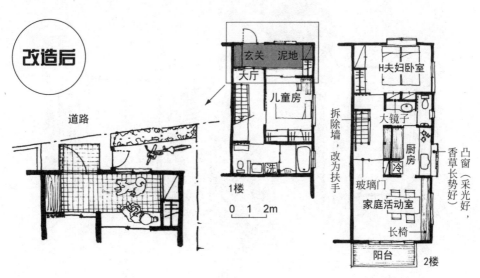

的泥地里。在这样一个既不通风又看不到外面的地方，虽然狗狗很让人同情，但 H 先生表示自己也无能为力。

这次改造，我们将原来厨房约 3 个榻榻米大小的空间与玄关的泥地合并，用作狗狗的活动空间。天窗换成落地窗，并加装了扇叶方便通风。这样，整个空间不再闭塞，微风和光线都能进入，还能眺望行人和街景，狗狗的心情会愉悦很多。

卧室前面的地板延伸成近似长凳的样子，平时家人可以坐在上面。据说后来这里也成了 H 先生一家与前来送社区传阅资料的邻居、同住的兄弟姐妹们闲聊的地方。

玄关前方的空间原来只用来停放自行车，现在好不容易有了个大窗户，我们提议可以种点花草，供家人和路人欣赏。通常，当房屋距道路很近时，人们出于安全考虑，总会将房子打围封闭起来。不过我认为，通过栽种植物来营造距离感，同时使房屋更加开阔，也不失为一个好办法。（今井）

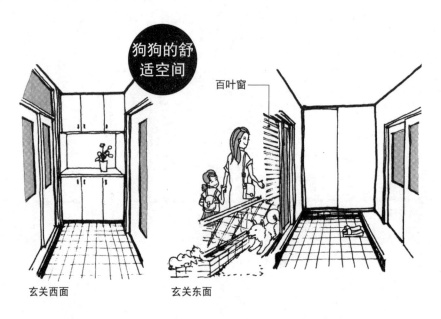

狗狗的舒适空间

百叶窗

玄关西面　　　　玄关东面

一直守护在老狗身边

●狗也上年纪了

K女士的房子为女性住宅，有两只宠物狗养在院子里。房子的占地面积大，附近又有公园，对狗狗而言居住环境相当不错。幸而每天遛狗，K女士才能一直保持健康。一遇到陌生人，两只狗会一起吠叫。在狗狗们的悉心守护下，这个只有女性居住的房子一直安全无恙。

遛狗时，狗绳的拉扯强度让K女士意识到，狗狗们也老了。她开始思考自己的养老问题。正在这时，燃气公司集中将社区的家用丙烷气改为城市煤气。她决定以此为契机，在更换燃气器具的同时，对用水区进行重新装修。

●老狗的居所

水槽前的凸窗虽然可以放东西，有其方便之处，但是要尽全力才能够到窗户，所以开合也越来越难。水槽上方的吊柜也是如此。于是，我们在更换

整套厨房设备的同时，也拆除了凸窗，换上一扇透明的玻璃窗。没有安装吊柜，只安装了排水管。

凸窗下是狗狗以前的居所，这里雨天也能自由活动。家人到院子里时，它们就能立刻奔过来玩耍。不过，随着年龄的增长，狗狗体力不支，睡觉的时间越来越多。今后，如果能有一个地方让主人和狗狗互相可以随时看到对方，彼此都会更放心。

K女士在家时，大多在厨房做饭或坐在餐桌旁，她希望从家中任何一个方向都能看得到狗狗的居所。

●从便门能看到狗狗

K女士现在仍在工作，但她想业余时间在院子里种种菜，还希望将厨余垃圾埋在院子里。这样的话，与其从餐厅的落地窗进入院子，不如从厨房直接进入更加方便。于是我们决定在厨房旁边新建一个便门。

我们在便门附近装了一个大檐廊，狗狗的居所和园艺工具棚就设在这里。用可升降的透明玻璃门，即使关着门视野也很开阔，可以从餐厅看到狗狗们睡觉的样子。

●饲主的老后生活也纳入考虑范围

K女士年轻时没有这样的感觉，但最近开始觉得浴室冬天很冷，浴缸太小。以前为了换鞋方便，厕所在设计时加高了一个台阶。K女士也担心将来会不太安全。

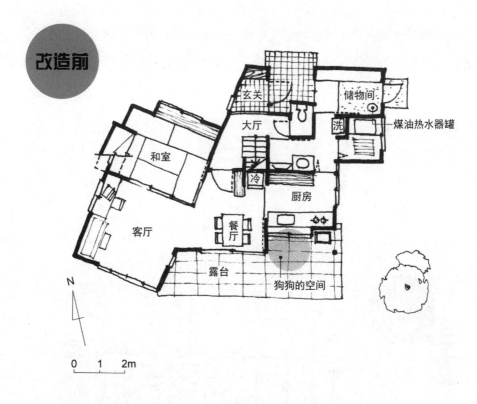

改造前

玄关
大厅
和室
客厅
餐厅
露台
厨房
储物间
洗
煤油热水器罐
冷
狗狗的空间

N

0   1   2m

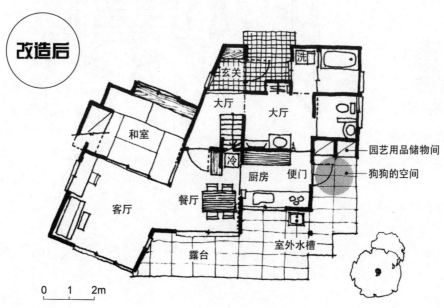

改造后

玄关
大厅
大厅
和室
客厅
餐厅
露台
厨房
便门
洗
冷
园艺用品储物间
狗狗的空间
室外水槽

0   1   2m

更换燃气设备为 K 女士提供了改造房子的契机，为了消除对未来的担心，她决定将房子改成无障碍模式。用水区的面积够用，就没再扩建。我们加宽了房屋正中的大厅。即使未来需要护理或使用轮椅，也能在这个空间里顺畅地行动。（今井）

从便门能看到狗狗

第9章

让人每天都心情愉悦的改造：
既然要改，就不妨任性些

孩子就业后，作为父母，我们会想念他们，但同时我们也有了更多的时间、金钱和精力来关注自己的兴趣爱好。在改造房子时，也可以创建一个兴趣室，或者将爱好体现在住宅设计上。

就算没有什么特别的爱好，好不容易要重新装修，不如趁此机会把夙愿和梦想告诉设计师。本章将介绍几个案例，看看他们是怎么点缀自己的居家生活的。

有壁炉的生活

●寻求心安之处

M夫妇搬进了父母建造并居住过的房子里。由于生活方式不同，且周围环境发生了变化，他们决定对房子进行改造，并准备借此机会建一个他们渴望已久的壁炉。

与别墅不同，在普通住宅中建造壁炉非常困难，木柴的获取、生火和灰烬的清理都相当花费时间和精力。不过，M夫妇的孩子已经长大成人，老两口再过几年就将退休。他们希望享受新生活，同时享受壁炉带来的麻烦。

●特制五边形壁炉

1楼的厨房和餐厅位于房屋的北侧，采光不好，加之周围建有房屋，整个空间更显幽暗封闭。客厅兼接待室位于玄关附近，整个房子按照日本传统的

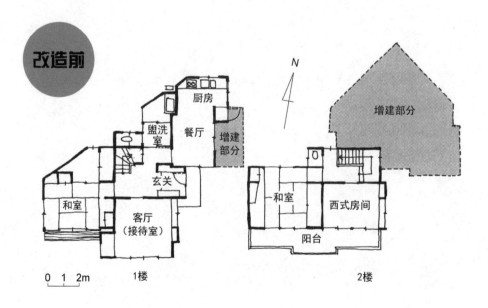

改造前

厨房　盥洗室　餐厅　增建部分　玄关　和室　客厅（接待室）

N

增建部分

和室　西式房间　阳台

0　1　2m　1楼　　2楼

待客优先风格建造而成。

M 夫妇改造的主要目的是创建一个一家人其乐融融聚在一起的地方。于是，我们将 1 楼的厨房改成暗室，餐厅稍作扩建，用作兴趣室。2 楼由于阳光充足，视野良好，我们增建了一个厨房、餐厅和客厅。壁炉就位于这些区域的正中间。

扩建部分是一个不规则的五边形，我们请铁匠将壁炉同样做成五边形，周围用耐火砖围起来。红砖与白墙相映成趣。地板和天花板上的木纹营造出温暖的氛围，夏天观叶植物又会为整个空间增添一抹绿。

●用壁炉招待客人

有火的生活似乎比想象中更愉快。散步时，M 夫妇会收集可以作为柴火的木材，邻居们也会把自家砍下的树木送给他们，结果停车场下堆满了柴火。烧剩的灰烬被用作院子里植物的肥料，把院子里装点得繁花似锦。

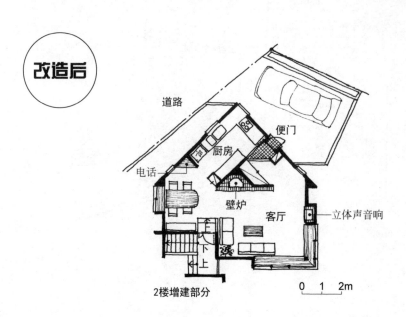

改造后

道路

便门

电话

厨房

冷

壁炉

客厅

立体声音响

上 下 上

2楼增建部分

0 1 2m

217

夜晚，他们会熄掉灯，一边凝视着壁炉，一边喝咖啡酒水，听着音乐聊天。壁炉总是一家人聚在一起时的中心。M女士说："壁炉就是我们待客之道。"就像她说的那样，客人们来了后心也静了下来，甚至不想离开。与火炉不同，要想壁炉燃烧时不冒烟，需要掌握一些技巧。每个家庭成员都有自己的方法，他们很期待轮到自己负责管理壁炉的日子。这项工作耗时耗力，但也正因如此才让人爱不释手，让人觉得其乐无穷。

虽然壁炉可以通过热辐射温暖整个屋子，但是我们还是为扩建部分铺设了地暖。这样，在不生火时，屋内也能保持温暖。（今井）

**特制五边
形壁炉**

能看到海港焰火的窗户

●白白浪费掉视野绝佳的环境

K 女士的房子建在横滨的一处高冈上。刚建成时，视野很好，阳光甚至可以照到 1 楼。可是渐渐地周围建起了房子，1 楼现在光线不行了。但 2 楼的采光和视野依然很好，夏天甚至还可以看到海港上空燃放的焰火。

不过，2 楼只有 K 先生的房间、儿子们的房间和储藏室。K 先生和儿子们平日白天都不在家，休息日不是在睡觉就是要出门。明明住在视野和采光极佳的地方，却没有好好利用。

K 女士也经常外出，但比起丈夫和儿子，她还是在家的时间更多。受房屋配置限制，她只能在采光不佳的 1 楼生活。K 夫妇都已有 55 岁左右，考虑到老后的生活，多在 1 楼度过应该会更安全，因此迟迟无法就重新装修房子的问题做出决断。

远处的焰火

●活在当下

我向 K 女士建议："将来腿脚不方便，不能住在 2 楼时，再回到 1 楼去住不就行了吗？"她接受了我的建议。住 2 楼是她多年以来的梦想，她终于迈出了第一步。

十年、二十年弹指一瞬，在此期间房子也不可能完全不需要打理。而且，如果住在 2 楼，眼下的所有问题都会迎刃而解。希望在厨房做饭时能看到屋外风景，希望沐浴着清晨的阳光吃早餐，希望白天做家务时可以不用开灯，希望在晾衣服时不用穿过丈夫和儿子的房间……

十年前改造厨房和餐厅时拆掉了一面墙，K 女士有些担心会不会影响房屋强度。于是我们决定做一次抗震评估，补全强度不足的墙体。

昏暗不通风的走廊

昏暗陡峭的楼梯

220

●想让客人看焰火

我们将 K 先生和儿子们的房间移到 1 楼，2 楼原来的储藏室被改成厨房和厕所，餐厅和客厅设置在房子南侧，北侧则是 K 女士专用的一间和室。整个空间几乎是一个大开间，屋内各个角落都能接受阳光照射，空气流通性也很好。整个 2 楼变成一个开放式的住宅空间，从任何地方都能望见远处的小山丘。

K 女士的房间比原先在 1 楼时的小，但这不是问题，因为一天的大部分时间她都可以独占宽敞的 2 楼。

从厨房和 K 女士房间的窗户可以看到海港的焰火。以前，她一直想让客人在家中欣赏焰火，但是那时无法实现。现在她的乐趣又增加了。

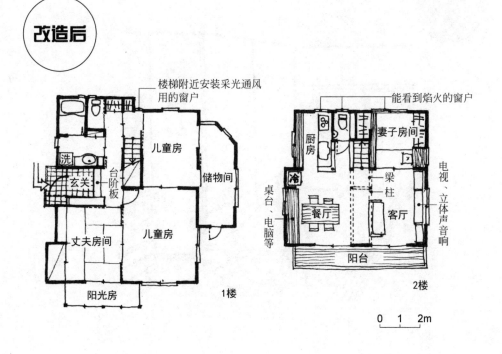

改造后

楼梯附近安装采光通风用的窗户

能看到焰火的窗户

洗

玄关

台阶板

儿童房

储物间

丈夫房间

儿童房

阳光房

1楼

厨房

妻子房间

冷

桌台、电脑等

梁柱

餐厅

客厅

电视、立体声音响

阳台

2楼

0 1 2m

●让楼梯更明亮安全

房屋中央的楼梯阴暗陡峭。我们将原有位置改造为一段坡度和缓、明亮又安全的楼梯。2楼铺设了温水地暖。为了阻挡1楼的冷空气上升至2楼，我们在上楼梯的位置安装了一扇拉门。冬天，这扇门保持关闭；夏天，楼梯可以起类似烟囱的作用，成为风进出屋子的通道。

如果腿脚不好，上下楼梯会很辛苦。不过每天上下楼几次，自然也锻炼了身体。当然，如果频繁上下楼与上门推销的人接触，也会给人很大的压力。所以我们把普通门铃换成可视门铃，而且从厨房的窗户也能看到来访者是谁。（今井）

能让客人看焰火，令人期待

兴趣爱好是室内设计

●攒了整整一册的平面设计图

S夫妇与两个女儿一起住在东京郊区，住的房子为三室一厅，房龄二十九年，不算特别宽敞，但位置很好。不过，上一任住户改造过客厅餐厅和厨房，整个设计与S女士的家具风格不搭，而且收拾起来也很困难，她一直非常希望能重新改造房子。

S女士业余喜欢琢磨平面设计图和室内设计。看电视时，她对电视剧的故事情节不太感兴趣，反而将注意力放在主人公住什么样的房子上。看着看着，平面设计图就在她的脑海中闪过，她会不由自主地提笔绘画。她给我看了很多她画的草图，其中就包括电视剧《我的太太是魔女》主人公亚里沙的房子。

当然，S女士也为自己家的重新装修设想过很多平面设计图，十年下来，这些图已经积攒成一个小册子，S女士给它取名为《我喜欢的房子》。里面共有50张图纸，附有详细的说明。

某个夏日的一天，原本性能就不太好的嵌入式冰箱发生故障，完全不能用了。正值夏日，冰箱必不可少，S女士想立即换一个新的冰箱。但对室内设计的整体感很在意的S女士担心，仅更换冰箱会破坏厨房的整体设计。冰箱推了她一把，她这才下定决心，重新装修房子。

●设计风格不统一

S女士家的客厅餐厅厨房面积为10个榻榻米大小，紧靠墙壁设计了一个开放式的厨房，整个房间是个典型的大开间。

出问题的冰箱位于墙壁正中，将房间一分为二。的确，如果在这里放一台市面上销售的冰箱，会破坏整个房间的氛围。另外，室内的门和厨房都是深棕色，给人一种昏暗厚重的感觉。厨房的正前方摆放着一张巨大的餐桌，也让人觉得逼仄。

S女士会时不时买一些自己喜欢的东西，例如黑色镶金边的高级椅子、厚重的实木餐桌和金色落地灯等。这些东西风格各异。S女士也很苦恼："该如何把这些设计组合在一起呢？"

● 确定主色调

那么，究竟该怎么处理客厅餐厅厨房呢？S女士的需求有以下几点：

① 房屋的布局要美观，贴近现代艺术。

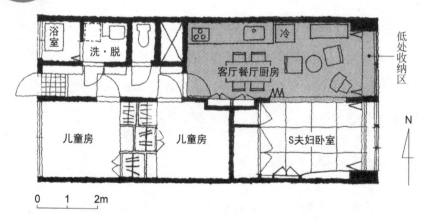

②要像游艇客舱那样紧凑便利且豪华气派。

③厨房参照度假村的配置。

④类似小巧玲珑的地下沙龙房。

⑤类似餐厅式酒吧和咖啡酒吧。

所有这些需求的共同点是没有烟火气。这就意味着，S女士不希望将杂七杂八的家居用品摆在外面。所以她需要减少现有物品的数量，并重新考虑摆放的位置。

另外，确定主色调也很重要。黑色是和室的强调色，红色是S女士最喜欢的颜色，我们选择了这两种颜色作为主色调。相邻的和室如果与客厅餐厅厨房的设计相匹配，将给人更加宽敞之感。

在确定了基本方向后，S女士开始减少生活物品的数量，将不适合新家的小物件送给想要的人。

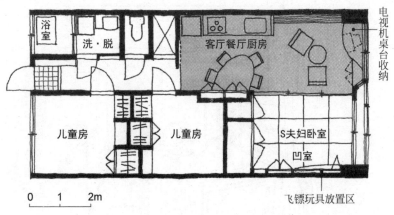

●作为展示品的厨房

为了不影响厨房的高级感，我们有意识地将厨房视为家具的一部分，试图打造一个作为展示品的厨房。整个厨房的建材与矮柜、餐具柜和电视柜统

一，色彩均采用黑色，并找专业家具工匠制作。厨房地柜（上方是水槽）用黑色，吊柜门则选用红色。S女士梦想拥有一个"红色厨房"，但如果所有东西都是红色的，也会让人觉得乏味，且在这样大小的房间内会让人觉得过于浓艳。

大红色和纯黑色对比太强烈，所以我们选用了墨色而不是大黑，并在保留木纹的基础上进行染色。我们还为黑色涂装的固定家具配上了金色的把手，并在部分墙面上铺设了略带光泽的粉布和防火胶合板。墙面整体则采用淡白色布料，通过细微的色差让整体风格和谐统一。

通常，厨房前面的墙壁会采用防火防水瓷砖等材料，但这样会使厨房外观设计显得太突兀。因此，从厨房前面到客厅的整面墙上我们都铺设了粉色的防火胶合板。没想到效果不错，材料表面光泽透亮，略显奢华，很多客人误以为用的是大理石。

●独一无二的餐桌

S女士将原来的实木餐桌卖给了一家古董店，我们为她设计了一张新的不规则曲线餐桌。当我们提议把它设计成三角钢琴的形状时，S女士非常中意。这样的餐桌世界上独一无二。

我们让餐桌的一侧紧贴墙面，与壁橱柜和壁龛装饰空间融为一体，创造出一个"餐饮角"。餐桌的一侧与墙壁相连，给人一种沉稳安宁的感觉。

壁龛里摆放着许多S女士业余制作的小动物木雕。独乐乐不如众乐乐，兴趣爱好不仅在于制作过程带来的愉悦，也在于别人看到并欣赏时，一切都会变得更加有趣。（加部）

采光花园将家人联系在一起

●房龄四十年的危房

K夫妇和两个上大学的儿子住在一起。房子位于商业街的一角，是一栋带门面的住宅。到K女士的公婆那一代为止，一家人一直在这里做买卖。如今房子正面的商铺门面已经关门歇业。这是一栋有四十年历史的老建筑，光看外观就知道很陈旧。装修公司的营业人员曾建议他们将商铺推倒重建，但最终还是保留了下来，反倒是背后的住宅部分完全按照二十五年前的样子重建了。

K女士80岁的母亲即将搬来同住，夫妇二人希望能让母亲在家中安心舒适地生活，还希望将商铺部分也转化为住宅，于是两人一同来找我们咨询。

去实地看房时，我吓了一跳。商铺部分已经倾斜了。商铺一般都是整个正面朝向马路，我们原以为整个建筑的抗震程度会有问题，没想到增建的住宅部分结构完好，没有损伤。

了解了他们的需求、预算和邻里状况之后，我们认为不重建只改造就能解决现有问题，于是立即开始就细节展开讨论。

●不想浪费，能用的都尽量保留

我们决定拆除结构上有问题的部分，但仍可使用的部分尽可能留下，并通过扩建来弥补空间的不足。

K女士和我都是家庭主妇，日常生活中很会节省，最后剩的一点点布料和蔬菜都会想尽办法用完。在商讨时，我们的基础价值观都不是"要让一切焕然一新"，而是"物尽其用"。

住宅部分几乎保持原样。我们决定拆除店铺部分和带出租店铺的住宅部分，腾出来的空间用于住宅部分的扩建。

●通过"采光花园"感知彼此气息

扩建房屋经常会阻碍光线进入和空气流通，如果拆除了柱子或墙壁，房屋的结构强度也可能遭到削弱。为了避免这种情况，我们设计了一个约 2.5 个榻榻米大小的采光花园，并将两边的墙建为承重墙。

采光花园和楼梯位于房屋的中心，是连接母亲和 K 女士一家温和的纽带。它刚好还正对着浴室，因此我们像设计中庭一样，给它铺上了白色砾石，周围种了几棵树。

采光花园周围有楼梯、1 楼的浴室、母亲的卧室、2 楼的走廊、孩子们的书房和厨房。透过采光花园，家庭成员们可以感受到彼此的存在，让彼此放心，还能保持适当的距离，不会感到心累。

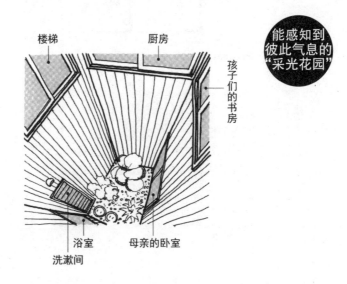

能感知到彼此气息的"采光花园"

楼梯　　厨房

孩子们的书房

浴室　　母亲的卧室

洗漱间

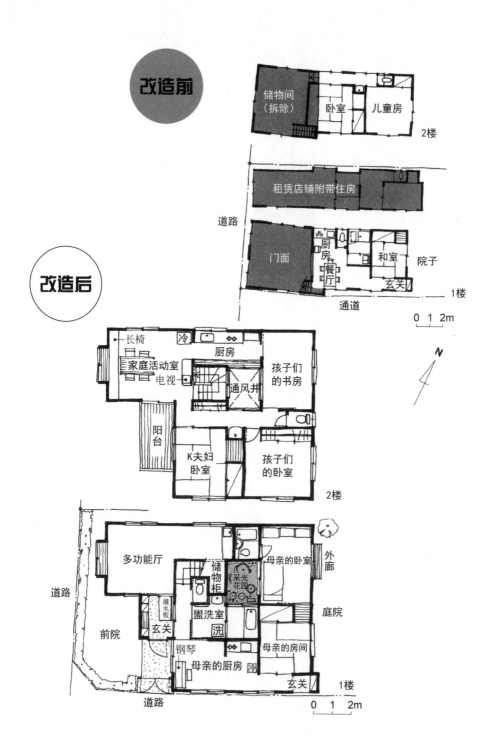

改造前

储物间
（拆除）

卧室

儿童房

2楼

租赁店铺附带住房

道路

门面

厨房
餐厅

和室

院子

玄关

1楼

改造后

通道

0 1 2m

长椅

冷

厨房

家庭活动室

电视

孩子们
的书房

通风井

阳台

K夫妇
卧室

孩子们
的卧室

2楼

N

多功能厅

储物柜

采光
花园

母亲的卧室

外廊

道路

滴水板

玄关

盥洗室

洗

庭院

前院

钢琴

母亲的房间

母亲的厨房

玄关

1楼

道路

0 1 2m

亲人之间的亲密程度可能随着时间发生变化。有时亲人们需要一直黏在一起，随着人变得成熟，也可能更需要些距离感。

●母亲的房间也增建一半

我们决定将1楼和室直接改造为母亲的房间。母亲以前常来住，对这间和室很熟悉。

但是，和室里放不下床，所以我们把原来的凹室改成走廊，并在房间后面增加了一间卧室和专属用水区。旁边还增设了一个外廊，方便母亲去院子走走。由于有采光花园，房间通风良好。

●增设多功能室

K女士热爱生活，业余时间特别喜欢制作藤编工艺品，手艺相当不错，这在制作新家的灯具时派上了用场。她还希望有一个制作藤编工艺品的房间，方便邻居们来学习。

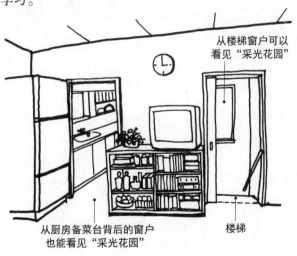

从楼梯窗户可以看见"采光花园"

从厨房备菜台背后的窗户也能看见"采光花园"

楼梯

母亲的房间

于是，我们在扩建部分的家庭活动室和厨房下面建了一间"藤艺工作坊"。这个房间与室外相连，可以用作多功能室。储物区一直连到楼梯下，空间充足。

多功能室紧挨玄关泥地，因此，我们在玄关设置了两扇推拉门，一扇通向住宅，一扇通向多功能房，增加了房间的独立性。

多功能室可以根据需要发挥多种用途，既可以是工作间，也可以是护理房。凸窗上装饰着 K 女士的藤编工艺品，经过的路人也会觉得赏心悦目。（今井）

近处的拉门通往房间内，
远处的拉门与多功能室相连

家人在新建的家庭活动室聚会

终章 改造房子时该如何"避雷"

近几年，我们收到的改造房子的订单明显比前几年增加了许多。市面上的杂志纷纷推出改造特辑，电视上介绍"我家房子改造后焕然一新"的节目也很受欢迎。

但另一方面，也有很多人改造的花费比预期高出许多，对改造一直心有余悸。有的房子的墙会在改造过程中被拆除，让人担心会影响房子的抗震性。并不是所有情况都像本书介绍的案例那样，房主从心底里觉得改造之后真好。

因此，为了各位读者能在改造中收获满意的结果，我们列出了作为客户应该注意的10项内容，供大家参考。

1. 仔细考虑时机

房屋应每七至十年"复查"一次。家庭结构经过十年会发生变化，房屋布局也可能出现不合理之处。另外房屋本身也会产生损伤，需要维修。

大范围的改造通常因家庭成员的发生变化引起，不过公寓房的改造配合建筑物整体的大修同时进行更为有效。特别是有设备需要修理改造时，配合公共区域的维修进度改造私人专属区域，既省时又省钱，还不用考虑噪声干扰问题。

2. 谨防无良装修承包商上门推销

被无良装修承包商侵害的案例越来越多，作案手法大同小异。他们会说"房子不加固就扛不住地震"，或者说"地板下部通风不良，地基已经腐烂"，哄骗房主花高价进行不必要的加固工程，或者在地板下方铺一层毫无用处的调湿剂。最近，他们的手法越来越高明，常在低价维修下水道、取得住户信任后，顺势进行各种各样的推销。

虽然好承包商也不少，但面对上门推销的营业员，多一分警惕也不为过。我们建议各位读者最好不要与营业员立刻签订合同，应先向他人咨询。如果真要找承包商改造，也要优先选择住宅附近的公司。毕竟面对附近的住户，许多公司会爱惜自己的声誉，不敢胡来。

3. 仔细选择咨询对象

有一位我认识的客户曾经找替他建房子的建筑公司咨询过重新装修的事宜。他把自己的 56 条需求告诉对方后，收到对方按照需求绘制的图纸。他看过之后十分担心改造后用水区和厨房用起来是否方便，于是就又咨询了设计师。最终，客户、建筑公司和设计师三方开会后，各自确认了角色责任分担，才开始实施房屋改造计划。类似的例子比比皆是。

一些建筑公司不喜欢设计师介入，原因多种多样。有的公司的理由很简单，他们认为："设计师总提一些不合理的要求，很难做。"有的公司更过分，他们认为："设计师会事无巨细地监督所有工程，很多地方赚不到钱。"

设计师可以站在客户的角度，在住宅设计、预算、施工监督等方面提出专业建议。虽然因装修内容不同而略有差异，但我还是强烈建议您，如果对自己的房子有任何不满或疑虑，应先咨询设计师（这里的"设计师"不是建筑公司的签约设计师，而是业主直接委托的设计师）。

4. 考虑"边住边装"还是"先搬出来"

这取决于房屋装修部分比例占多少。

边住边装，需要有一定的心理准备，特别是用水区的改造。厨房的话还好，可以去便利店买速食产品，即使一两周不用也没事；但浴室和厕所需要提前采取措施，因此确认哪个时间段不能使用浴室和厕所很重要。当然，边住边装也有好处。虽然施工时间长，心累，但可以对施工场地逐一监督确认。

选择"先搬出来"可能会增加成本，但也可以趁此机会顺便整理一下物品。搬出来后，心情会更放松，既不会担心噪声和震动带来的压力，也不必处处顾及工人。

5. 确定优先顺序

好不容易重新装修一次房屋，肯定有很多事想做。既想好好维修一下房子，又想安装无障碍设施；既想翻新厨房，又想新建一个家庭活动室。但是，由于预算限制和施工上的困难，不可能同时完成所有事情。

与家人一起讨论，并确定优先顺序，会帮助您获得成功。这次改造房子最重要的点是什么？是实现无障碍化、减轻家务负担，还是改造夫妇的主卧？只要您告诉设计师这一点，他们就更容易为您提供建议。

6. 有担心之处应及时告知设计师

没有其他人比住户更了解这套房子。很多事情，即使是专家也不可能光看一眼就知道。因此，哪怕您觉得与这次改造无关也无所谓，只要您有担心之处，请务必都告诉设计师。

例如，"十年前屋顶漏水，修补过一部分屋顶"，"以前出过白蚁，检查时发现地基已经腐烂"，这些都是很重要的信息。将这些信息记在"房子笔记本"上非常有用[1]。

7. 考虑抗震性

客户常常向我们提出，希望将两个房间连一起，建一个更宽敞明亮的大房间。多数承包商会按照客户的要求拆除墙壁，但是从结构上讲，有些墙壁和柱子可以拆除，有些则不可以。即便是可以拆除的柱子或墙壁，拆后也需要进行加固。

据说在阪神淡路大地震中，有很多倒塌的房屋都是改造过的。为了您的

1　参考第41页。

房子能抵御地震，请务必将"安全"二字写进您的要求中。

8. 预算留有余地

我常常听到客户抱怨，改造工程完工后，结算金额远远超出当初的报价。如果有设计师介入其中，您不必太担心，因为制订符合预算的计划、检查建筑公司的报价并与他们谈判是建筑师的本职工作。

不过有很多问题只有在开始施工之后才能发现。例如，破拆墙壁或地板后，可能发现木材已腐烂；设备已经老化，需要更换；等等。您需要为预算留足浮动空间，以防万一。

9. 施工期间遇到任何问题应及时沟通

施工开始后，您一定希望随时检查施工是否按自己要求开展。如果您觉得与预期有异，或者有任何疑虑，请立即告诉施工方。施工过程中尚可以进行修改，一旦工程结束，再想修改就很麻烦了。

因此，设置一个联络处很关键。您可以委托一名家人作为客户代表，将问题告知设计师（如果未请设计师，则通知施工方的负责人）。如果您在施工现场指指点点，频繁下达命令，会使现场混乱，甚至出现施工方额外加价等问题。

10. 不要忘记照顾邻里情绪

改造带来的噪声、气味、运输车辆的进出等，或多或少都会给邻居造成干扰。提前跟邻居沟通十分必要，可以避免施工后邻里之间的冲突和尴尬。

如果住的是公寓，请务必在规划阶段就通知物业管理机构。震动不仅会传到上下楼层，甚至还会传到两边等您意想不到的地方。所以务必在施工开始前就打好招呼。

另外，将施工安排表张贴在指定地点，也是施工礼仪中很重要的一项。特别是噪声比较大的日期，需醒目标注出来。这一点，通常施工方会替您做好。